国家社会科学基金（教育学科）"十一五"规划课题研究成果

全国高等职业院校计算机教育规划教材

# 数据结构实用教程

主　编　徐新爱　刘日华　胡　佳
副主编　赵福生　王洪发　万里勇
主　审　聂承启

中国铁道出版社有限公司
CHINA RAILWAY PUBLISHING HOUSE CO., LTD.

## 内 容 简 介

本书涵盖了"数据结构"的主要内容，具体介绍了数据结构、算法及应用，介绍了线性表、栈、队列、串、数组、树和二叉树、图等常用数据结构，讨论了常用的排序技术和查找，给出了不同种类数据结构的具体应用实例。

本书低理论，重实践，重实用，充分考虑了高职高专学生的特点；每章前列出重点和难点，每章后列出知识巩固和实训演练，给学生提供了方向性参考；除第 1 章外，每章介绍完基本内容后，都安排了一节经典实用实例。本书建议授课 72 课时，理论课和实践课各 36 课时。

本书适用于高职高专院校计算机类专业的学生。

**图书在版编目（CIP）数据**

数据结构实用教程 / 徐新爱，刘日华，胡佳主编. —北京：
中国铁道出版社，2013.1（2019.6 重印）
国家社会科学基金（教育学科）"十一五"规划课题
研究成果　全国高等职业院校计算机教育规划教材
ISBN 978-7-113-15640-4

Ⅰ．①数… Ⅱ．①徐… ②刘… ③胡… Ⅲ．①数据
结构—高等职业教育—教材　Ⅳ．①TP311.12

中国版本图书馆 CIP 数据核字（2012）第 265011 号

书　　名：**数据结构实用教程**
作　　者：徐新爱　刘日华　胡　佳　主编

策　　划：翟玉峰　　　　　　　　　　读者热线：（010）63550836
责任编辑：翟玉峰　徐盼欣
封面设计：付　巍
封面制作：白　雪
责任印制：郭向伟

出版发行：中国铁道出版社有限公司（100054，北京市西城区右安门西街 8 号）
网　　址：http://www.tdpress.com/51eds/
印　　刷：北京捷迅佳彩印刷有限公司
版　　次：2013 年 1 月第 1 版　　2019 年 6 月第 2 次印刷
开　　本：787mm×1092mm　　1/16　印张：14.25　字数：343 千
印　　数：3 001～3 500 册
书　　号：ISBN 978-7-113-15640-4
定　　价：28.00 元

　　"数据结构"是计算机学科各个专业的一门专业基础课，旨在培养学生在软件设计领域的科学思维方式，以及程序设计能力与程序调试能力。同时，它也是软件设计师认证和计算机专业研究生入学考试的首选课程。该课程的重点是数据的逻辑结构、物理结构及其各种操作的算法实现和应用。但是，由于这门课程自身的特点，学生普遍反映理论难懂，实践复杂。针对这种情况，编者编写了本书，希望能将理论和实践有机结合，帮助学生轻松地掌握数据结构中的主要内容。本书对读者的技术背景要求比较低，比较容易上手，只要学过一门高级编程语言，例如 C、C++、Java、C#、VB 等，就可以开始阅读本书。

　　本书的主要特色如下：

## 1．低理论、重实践、重实用

　　低理论，用浅显的语言把复杂的理论简单化、通俗化，让学生觉得理论原来这么简单；重实践，描述算法时用已经学过的 C 语言函数，学生只作简单转换，就能上机调试，验证算法的正确性，并分析算法；重实用，尽可能介绍算法在日常生活中的用途，让学生觉得算法有用，从而提高学习兴趣。

## 2．经典应用实例

　　除第 1 章外，每章基本内容介绍完毕后，都安排了一节经典应用实例。在这一节中，主要安排一些日常生活方面的实例，实例中用到了这一章介绍的数据结构，并详细介绍如何用数据结构的理念解决问题，采取"问题描述—数据结构分析—实体模拟—算法实现"的思路来进行。

## 3．知识巩固和实训演练

　　每章结束后，根据该章内容，设置了知识巩固和实训演练。知识巩固主要有加强理解概念的选择题、判断题，还有帮助理解算法思想的简答题。实训演练主要是培养算法设计能力的算法应用题和算法设计题。

## 4．重点和难点

　　每章开头列出了本章的重点和难点，给学生的学习提供了方向性参考。

本书由多年来从事数据结构教学的教师编写，是他们集体智慧和经验的结晶。本书由徐新爱、刘日华、胡佳任主编，由赵福生、王洪发、万里勇任副主编，由聂承启主审。全书的统稿由徐新爱完成，参与编写的老师还有黄昌伟、陈江兵、卢昕和吴瑜鹏等。同时，江西师范大学聂承启教授对本书的写作提出了宝贵意见。

本书在编写与出版过程中，得到了编委会和中国铁道出版社的大力支持和帮助，特别是中国铁道出版社的领导和编辑对我们的编写工作给予了大量的指导和帮助，在此向他们表示衷心的感谢！同时，对教材中引用和参考的文献资料的作者一并致谢。

本书建议授课 72 课时，理论课和实践课各 36 课时。

在本书编写和实践过程中，编者做了大量的努力，但由于时间紧迫，编者水平有限，书中难免存在不足和疏漏之处，真诚地欢迎各位专家和广大读者提出宝贵的意见和建议。

编　者
2012 年 8 月

# 目 录

CONTENTS

# 第1章

绪论

自从 1946 年第一台计算机问世以来，计算机技术的发展日新月异。其应用已不再局限于科学计算，而是更多地用于控制、管理及数据处理等非数值计算领域。与此同时，计算机加工处理的对象由纯粹的数值发展到字符、表格和图像等各种具有一定结构的数据。数据结构就是研究数据组织、存储和运算的一般方法的学科。

本章主要介绍数据结构的基本概念、算法的特性和描述，以及如何进行算法复杂度分析。

**本章重点：**

- 数据及数据结构的基本概念
- 算法的基本特性
- 描述算法的工具

**本章难点：**

- 算法复杂度分析

## 1.1 数据结构概述

计算机处理的数据具有一定的内在联系，只有分清楚它们之间的内在联系，才能有效地进行处理。数据结构就是研究数据间的这种内在联系。随着计算机应用领域的不断扩大，计算机处理的数据量越来越大，处理的数据结构也越来越复杂。本节主要介绍与数据结构有关的基本概念，包括数据的定义、数据的逻辑结构、数据的存储结构和数据的基本运算，以及一些常用的数据结构等。

### 1.1.1 基本概念

对于计算机来说，数据（Data）的含义是比较广泛的，它包括数字、字符、字符串、图形、图像、声音、表、文件等。概括地说，凡是可以输入计算机并被计算机程序处理的各种信息，都可以称为数据。它是计算机程序加工的"原料"。

数据元素（Data Element）是数据的基本单位。有些情况下，数据元素又称元素、结点、顶点、记录。有时一个数据元素可以由若干个数据项（Data Item）组成。数据项又称字段、域，它是具有独立含义的最小标识单位。

数据类型（Data Type）是具有相同性质的数据的集合及在这个数据集合上的一组操作。例如，有学生成绩表如表 1.1 所示。

表 1.1　学生成绩表

| 学　　号 | 姓　　名 | 数学分析 | 普通物理 | 高等代数 | 平均成绩 |
|---|---|---|---|---|---|
| 20101 | 王小平 | 90 | 85 | 95 | 90 |
| 20102 | 张传宝 | 80 | 85 | 90 | 85 |
| 20103 | 李四 | 60 | 65 | 70 | 65 |
| 20104 | 肖华生 | 70 | 84 | 86 | 80 |
| 20105 | 王五 | 91 | 84 | 92 | 89 |

表 1.1 中的每一行是一个数据元素，它由学号、姓名、各科成绩及平均成绩等数据项组成。

## 1.1.2　数据结构

数据结构（Data Structure）的概念至今并没有一个统一的定义，一般指的是数据之间的相互关系，即数据的组织形式。它研究的问题涉及三个方面：非数值数据之间的结构关系及如何表示、如何存储和如何处理。下面就从数据的逻辑结构、数据的存储结构和数据的运算三个方面进行介绍。

### 1. 数据的逻辑结构

数据的逻辑结构（Data Logical Structure）是数据元素之间的逻辑关系，即数据元素之间的关联方式或称"邻接关系"的总称。逻辑上可以把数据结构分成线性结构和非线性结构。线性结构的顺序存储结构是一种顺序存取的存储结构，线性表的链式存储结构是一种随机存取的存储结构。

对线性表中任意一个结点，与它相邻且在它前面的结点（又称直接前驱，Immediate Predecessor）最多只有一个；与线性表中任意一结点相邻且在其后的结点（又称直接后继，Immediate Successor）也最多只有一个。

表 1.1 中只有第一个结点没有直接前驱，故称为开始结点；也只有最后一个结点没有直接后继，故称为终端结点。例如，表中"李四"所在结点的直接前驱结点和直接后继结点分别是"张传宝"和"肖华生"所在的结点。上述结点间的关系构成了这张学生成绩表的逻辑结构。

按照数据元素间关系的不同，逻辑结构通常可以分为四种结构：集合、线性结构、树形结构和图形结构。

（1）集合

集合中的元素，除了同属一个集合以外，没有其他任何关系，如图 1.1 所示。

（2）线性结构

线性结构中的数据元素存在一对一的关系，除开始结点无前驱结点，终端结点无后继结点外，其余所有数据元素都有唯一前驱结点和唯一后继结点，如图 1.2 所示。

图 1.1　集合　　　　　　　　　图 1.2　线性结构

（3）树形结构

树形结构中的元素存在一对多的关系，其中只有唯一的一个数据元素没有前驱结点，该数据元素称为根结点，其余的数据元素都有唯一的前驱结点，这个前驱结点称为它的双亲，也可以有多个后继结点，这些后继结点称为它的子女，如图1.3所示。

（4）图形结构

图形结构中的数据元素存在多对多关系，即任意两个元素之间都可能有关系，如图 1.4所示。

图1.3　树形结构　　　　　图1.4　图形结构

### 2. 数据的存储结构

数据的存储结构（Data Storage Structure）是数据的逻辑结构在计算机中的表示，即用计算机语言表示结点之间的关系。存储结构又称物理结构，它包括数据元素的表示和元素与元素间关系的表示。通过观察表1.1，可以看出这些数据元素是顺序邻接地存储在一片连续的单元中。这种特点其实就是表中数据的存储结构。

根据数据在计算机内的表示方式的不同，存储结构可分为四种方式：顺序存储方式、链式存储方式、索引存储方式和散列存储方式。

（1）顺序存储方式

顺序存储方式是把逻辑上相邻的结点存储在物理上相邻的存储单元中，结点之间的关系由存储单元的邻接关系来体现。

（2）链式存储方式

链式存储方式是将结点所占的存储单元分为两部分，一部分存放结点本身的信息，即数据项；另一部分存放该结点的后继结点所对应的存储单元地址，即指针项。

（3）索引存储方式

索引存储方式是每个存储单元只含一个数据元素，所有元素连续存放。此外，增设一个外索引表，索引表中的索引指示各存储结点的存储位置或位置区间端点。

（4）散列存储方式

散列存储方式是每个存储单元只含一个数据元素，各个元素均匀地分布在存储区中，用散列函数指示各结点的存储位置或位置区间端点。

### 3. 数据的运算

数据的运算即对数据施加的操作，是在数据的逻辑结构上定义的操作算法，如检索、插入等。每种逻辑结构都有一个运算的集合。最常用的数据运算包括检索、插入、删除、更新、排序等，这些运算实际上只是在抽象的数据上所施加的一系列抽象的操作。

设数据的某种逻辑结构（如线性结构）为 $S$，则 $S$ 上的运算如下：

① 检索：功能是找出满足条件的结点在 $S$ 中的位置。

② 插入：功能是在 $S$ 的某指定位置上增加一个新结点。

③ 删除：功能是撤销 $S$ 的某指定位置上的结点。

④ 更新：功能是修改 $S$ 的某指定结点的内容。

⑤ 排序：功能是将 $S$ 中的结点重新排列成一个按键值有序的序列。

在表 1.1 中，可能要经常查看某一学生的成绩，当学生退学时要删除相应的结点，新学生入学时要增加结点。

### 4. 常用数据结构

常用的数据结构有数组、栈、队列、链表、树、图、堆和散列表。对于这些数据结构，这里只介绍基本概念，在以后的章节中将详细介绍常用数据结构的具体逻辑结构、存储结构和基本算法。

（1）数组（Array）

在程序设计中，为了处理方便，把具有相同类型的若干变量按有序的形式组织起来。这些有序排列的同类数据元素的集合称为数组。在 C 语言中，数组属于构造数据类型。一个数组可以分解为多个数组元素，这些数组元素可以是基本数据类型或构造类型。因此，按数组元素的类型不同，数组又可分为数值数组、字符数组、指针数组、结构数组等。

（2）栈（Stack）

栈是只能在某一端插入和删除的特殊线性表。它按照后进先出的原则存储数据，先进入的数据被压入栈底，最后进入的数据在栈顶，需要读数据的时候只能从栈顶开始弹出数据。

（3）队列（Queue）

队列是一种特殊的线性表，它只允许在线性表的前端（Front）进行删除操作，而在线性表的尾端（Rear）进行插入操作。进行插入操作的端称为队尾，进行删除操作的端称为队头。队列中没有元素时，称为空队列。

（4）链表（Linked List）

链表是一种物理存储单元非连续、非顺序的存储结构，数据元素的逻辑顺序是通过链表中的指针链接次序实现的。链表由一系列结点组成，结点可以在运行时动态生成。每个结点包括两部分：一部分是存储数据元素的数据域，另一部分是存储下一个结点地址的指针域。

（5）树（Tree）

树是包含 $n$（$n>0$）个结点的有穷集合 $k$，且在 $k$ 中定义了一个关系 $N$，$N$ 满足以下条件：

① 有且仅有一个结点 $k_0$，此结点对于关系 $N$ 来说没有前驱，称 $k_0$ 为树的根结点，简称根（Root）。

② 除 $k_0$ 外，$k$ 中的每个结点对于关系 $N$ 来说有且仅有一个前驱。

③ $k$ 中各结点对关系 $N$ 来说可以有 $m$ 个后继（$m \geq 0$）。

（6）图（Graph）

图由结点的有穷集合 $V$ 和边的集合 $E$ 组成。其中，为了与树形结构加以区别，在图结构中常常将结点称为顶点。边是顶点的有序偶对，若两个顶点之间存在一条边，就表示这两个顶点具有相邻关系。

（7）堆（Heap）

在计算机科学中，堆是一种特殊的树形数据结构，每个结点都有一个值。通常所说的堆的数据结构是指二叉堆。堆的特点是根结点的值最小（或最大），且根结点的两个子树也是一个堆。

（8）散列表（Hash）

若结构中存在关键字和 $k$ 相等的记录，则必定在 $f(k)$ 的存储位置上。由此，无须比较便可直接取得所查记录。称这个对应关系 $f$ 为散列函数（Hash function），按这个思想建立的表称为散列表。

# 1.2 算　　法

从程序设计的角度来看，每个问题的处理都涉及两个方面的内容：数据及其相应的操作。所谓"数据"，泛指计算机要处理的对象，包括数据的类型、数据的组织形式和数据之间的关系；所谓"操作"，是指处理的方法和步骤，即算法。下面主要介绍算法和描述算法的工具。

## 1.2.1 算法的概念

计算机科学家尼克劳斯·沃思曾著过一本著名的书：《数据结构+算法=程序》，可见算法在计算机科学界与应用界的地位。算法（Algorithm）是指解题方案的准确而完整的描述，是一系列解决问题的清晰指令，代表着用系统的方法描述解决问题的策略机制。也就是说，算法能够对一定规范的输入，在有限时间内获得所要求的输出。如果一个算法有缺陷，或不适合于某个问题，执行这个算法将不会解决这个问题。不同的算法可能用不同的时间、空间或效率来完成同样的任务。一个算法的优劣可以用空间复杂度与时间复杂度来衡量。算法的设计取决于数据的逻辑结构，而算法的具体实现则依赖于采用的存储结构。

一个算法具有以下性质：

（1）有穷性（Finiteness）

算法的有穷性是指算法必须能在执行有限个步骤之后终止。

（2）确切性（Definiteness）

算法的每一步骤都必须有确切的定义。

（3）输入项（Input）

一个算法有零个或多个输入，以刻画运算对象的初始情况。所谓零个输入是指算法本身定义了初始条件。

（4）输出项（Output）

一个算法有一个或多个输出，以反映对输入数据加工后的结果。没有输出的算法是毫无意义的。

（5）可行性（Effectiveness）

算法中执行的任何计算步骤都是可以被分解为基本的可执行的操作步骤，即每个计算步骤都可以在有限时间内完成，这个性质又称为算法的有效性。

（6）高效性（High Efficiency）

算法的执行速度快，且在执行过程中占用的资源少。

（7）健壮性（Robustness）

算法的健壮性是指一个算法除了能对合法的输入数据得到正确的结果外，还能对非法的输入数据作出正确合理的处理。

**例 1.1**：判断以下算式哪个适合用算法解决。

① $s=1+2+3+\cdots+100$;

② $s=1+2+3+\cdots+100+\cdots$;

③ $s=1+2+3+\cdots+n$（$n\geqslant1$，且 $n\in\mathbf{N}$）。

算法分析：

只有满足算法七个性质的算式，才能设计算法。因此，能设计算法求解的是①和③，②不满足算法的有限性。

**例 1.2**：写一个算法让计算机来解方程：$ax+b=0$，其中参数 $a$、$b$ 由键盘任意输入，然后输出结果。

算法分析：

对于该问题，不能简单地让计算机输出 $x=-b/a$ 的结果，因为在 $a=0$ 的情形下，这种输出是错误的。该问题需要分情况讨论：

① 输入 $a$，$b$;

② 若 $a\neq0$，则输出 $x=-b/a$;

③ 若 $a=0$，则：

● 若 $b=0$，方程的解是全体实数；

● 若 $b\neq0$，方程没有实数解。

可见，一个好的算法必须是精确的，且是有明确步骤的。

**例 1.3**：已知 $S=1+2+3+\cdots+99+100$，求 $S$ 的值。

算法分析：

① 高斯的解法：　　　$S=(1+100)+(2+99)+(3+98)+\cdots+(50+51)$

　　　　　　　　　　　$=101+101+101+\cdots+101$

　　　　　　　　　　　$=50\times101$

　　　　　　　　　　　$=5050$

② 普通的解法：　　　S1=1

　　　　　　　　　　S2=S1+2=3

　　　　　　　　　　S3=S2+3=6

　　　　　　　　　　…

　　　　　　　　　　S99=S98+99=4950

　　　　　　　　　　S=S100=S99+100=5050

从以上两种算法可以看出，高斯的解法比较方便、快捷。但如果用计算机来求解上面的问题，则普通的解法比较好。高斯的解法中，两数求和时每一次的操作数都不相同，还需要进一步加工；普通的解法只是完成一个简单的累加过程，并且这种重复的过程计算机很容易完成，因此，其算法的复杂度较低。

## 1.2.2 算法的描述

可以使用不同的方法表示一个计算机算法。描述算法的方法有：自然语言、流程图、N-S 图、伪代码、PAD 图、程序设计语言和 UML 图等。这里主要介绍流程图、N-S 图、自然语言、伪代码和程序设计语言方法。

### 1. 流程图

流程图是用一组几何图形表示各种类型的操作，在图形上用简洁扼要的文字和符号表示具体的操作，并用带有箭头的流线表示操作的先后次序。图 1.5 列出了常用的传统流程图的基本符号及其含义。

图 1.5　常用的传统流程图的基本符号及其含义

结构化程序设计的算法由三种基本结构构成，它们是顺序结构、选择结构和循环结构。因此，只要能够用流程图描述这三种结构，问题的算法对应的流程图也就可以画出。图 1.6 所示是常用的程序结构对应的流程图。

（a）顺序结构　　（b）选择结构　　（c）当型循环结构　　（d）直到型循环结构

图 1.6　常用的程序结构流程图

例 1.4：求满足 $1+2+3+4+\cdots+n_i>560$ 的最小自然数 $n_i$，用流程图描述该算法。

算法的流程图如图 1.7 所示。

## 2. N-S 图

为了避免流程图在描述算法时随意跳转，1973 年美国人 Nassi 和 Shneiderman 提出了用方框图代替流程图，即 N-S 图。它采用图形的方法描述处理过程，全部算法写在一个大的矩形框中，框内包含若干基本处理框，没有指向箭头，所以 N-S 图又称盒图。N-S 图描述算法的优点是：形象直观，可读性强；限制了随意的控制转移。

图 1.7    算法的流程图

利用 N-S 图描述三种基本流程结构的形式如图 1.8 所示。

（a）顺序结构        （b）选择结构        （c）while 循环结构        （d）do…while 循环结构

图 1.8    用 N-S 图描述三种基本流程结构

例 1.5：输入两个整数 $a$，$b$，输出较大的数。

算法分析：

① 输入两个整数，分别为 $a$ 和 $b$。

② 比较。如果 $a>=b$，则输出 $a$，否则输出 $b$。

N-S 流程图描述如图 1.9 所示。

## 3. 自然语言

自然语言就是人们日常使用的语言。用自然语言描述算法，人们比较习惯和容易接受，但是叙述较繁琐和冗长，容易出现歧义，一般不采用这种方法。

图 1.9    算法的 N-S 图

例 1.6：输入三个不相同的数，求出其中的最小数。

算法分析：

先设置一个变量 min，用于存放最小数。当输入 a、b、c 三个不相同的数后，先将 a 与 b 进行比较，把最小数送给变量 min，再将 c 与 min 进行比较，若 c<min，则将 c 的数值送给 min，最后 min 中就是三个数中的最小数，具体描述如下：

① 若 a<b，则 a→min，否则 b→min；

② 将 c 与 min 进行比较，若 c<min，则 c→min。这样，min 中存放的即是三个数中的最小数。

### 4. 伪代码

伪代码（Pseudocode）是一种算法描述语言。使用伪代码是为了使被描述的算法可以容易地以任何一种编程语言（Pascal、C、Java 等）实现。因此，伪代码必须结构清晰、代码简单、可读性好。伪代码介于自然语言与编程语言之间，以编程语言的书写形式指明算法功能。使用伪代码，不用拘泥于具体实现。它是半角化、不标准的语言，可以将整个算法运行过程的结构用接近自然语言的形式（可以使用任何一种熟悉的文字，关键是把程序的意思表达出来）描述出来。

例 1.7：求 s=1+2+…+100。

该算法的伪代码描述如下：

① s=0；

② i=1；

③ s=s+i；

④ i=i+1；

⑤ 若 i<=100 转入③，否则转入⑥；

⑥ 输出结果 s。

### 5. 程序设计语言

本书采用 "C 语言" 或 "类 C 语言" 函数来对算法进行描述。

C 语言的语法结构简单说明如下：

（1）函数的形式

```
[数据类型] 函数名([形式参数])
[形式参数说明；]
{
   内部参数说明；
   执行语句；
}
```

（2）条件语句的两种基本格式

```
① if(表达式)语句；
② if(表达式)语句 1；
   else   语句 2；
```

（3）循环语句的三种格式

```
① while(表达式)
   循环体语句；
② do
```

```
        {
            循环体语句;
        }while(表达式);
    ③ for(表达式1;表达式2;表达式3)
            循环体语句;
```

（4）分支语句

```
    switch(表达式)
    {
    case  常数1:语句组1;
    case  常数2:语句组2;
    …
    case  常数n:语句组n;
    [default    :语句组成n+1;]
    }
```

（5）赋值语句

```
    变量=表达式;
```

（6）基本的输入/输出语句

用函数 scanf() 和 printf()实现基本的输入与输出。

（7）注解形式

```
    /*字符串*/
```

例 1.8：选择排序算法。

基本思想：

每一趟从待排序的数据元素中选出最小（或最大）的一个元素，顺序放在已排好序的数列最后，直到全部待排序的数据元素排完。

排序过程实例：

| | | | | | | | |
|---|---|---|---|---|---|---|---|
| 初始关键字： | [49 | 38 | 65 | 97 | 76 | 13 | 27 | 49] |
| 第一趟排序后： | 13 | [38 | 65 | 97 | 76 | 49 | 27 | 49] |
| 第二趟排序后： | 13 | 27 | [65 | 97 | 76 | 49 | 38 | 49] |
| 第三趟排序后： | 13 | 27 | 38 | [97 | 76 | 49 | 65 | 49] |
| 第四趟排序后： | 13 | 27 | 38 | 49 | [76 | 97 | 65 | 49] |
| 第五趟排序后： | 13 | 27 | 38 | 49 | 49 | [97 | 65 | 76] |
| 第六趟排序后： | 13 | 27 | 38 | 49 | 49 | 65 | [97 | 76] |
| 第七趟排序后： | 13 | 27 | 38 | 49 | 49 | 65 | 76 | [97] |
| 最后排序结果： | 13 | 27 | 38 | 49 | 49 | 65 | 76 | 97 |

用C语言描述该算法如下：

```c
    void selesort(int s[],int n)  /*选择排序函数，s为待排序数组，n为数组长度*/
    {
        int i,j,k,t;
        for(i=0;i<n-1;i++)
        {
            k=i;
            for(j=i+1;j<n;j++)
                if(s[k]<s[j])k=j;
```

```
        t=s[i];s[i]=s[k];s[k]=t;
}}
```

# 1.3 算法分析

求解同一个问题，可以有多种不同的算法，究竟如何来评价这些算法的好坏呢？

显然，选用的算法首先应该是"正确"，除此之外，还要考虑以下三点：

① 执行算法所耗费的时间。

② 执行算法所耗费的存储空间，其中主要考虑辅助存储空间。

③ 算法应易于理解、易于编码、易于调试等。

因此，在选择算法时，希望选用一个所占空间小、运行时间短、其他性能也好的算法。

一个算法所耗费的时间主要由两个因素决定。首先是所处理问题的数据量大小，数据量越大，所花费的时间越多，例如，使用同一种算法对 10 个数值进行排序与对 10 000 个数值进行排序所花费的时间一定不一样；其次是使用的算法中所含基本操作的次数 $T(n)$（其中 $n$ 表示数据量，基本操作是指算法中主要语句的执行次数），$T(n)$ 越大，算法所花费的时间就越多。

## 1.3.1 时间复杂度

### 1. 时间复杂度的概念

一般情况下，算法中基本操作(如赋值、比较、计算、转向、返回、输入、输出等)重复执行的次数是问题规模 $n$ 的某个函数的数量级，算法的时间量度记作

$$T(n)=O(f(n))$$

称作算法的渐近时间复杂度，简称时间复杂度（Time Complexity）。其表示随着问题规模 $n$ 的增大，算法执行时间的增长率与 $f(n)$ 的增长率相同。

求解一个算法的时间复杂度的具体步骤如下：

① 找出算法中的基本语句。算法中执行次数最多的语句称为基本语句。若算法中包含嵌套循环，则基本语句通常是最内层循环的循环体。若算法中包含并列的循环，则将并列循环的时间复杂度相加。

② 计算基本语句执行次数的数量级。

③ 用记号 $O$ 表示算法的时间性能。

设一个算法中基本语句执行次数的数量级为 $n^2$，将此数量级放入记号 $O$ 中，即记为 $O(n^2)$。

例 1.9：下面是两个 $n$ 阶方阵的乘积 $C=AB$ 的算法，求其时间复杂度。

```
#define n 20
void MatrixMultiply(int A[n][n],int B[n][n],int C[n][n])
{ int i,j,k;
  for(i=0;i<n;i++)                    /*n+1*/
    for(j=0;j<n;j++)                  /*n*(n+1)*/
    {
        C[i][j]=0;                    /*n*n*/
        for(k=0;k<n;k++)              /*n*n*(n+1)*/
          C[i][j]=C[i][j]+A[i][k]*B[k][j];  /*n*n*n*/
    }
```

```
    }
```

算法分析：

其中右边列出的是该语句的执行次数。因此，该算法含基本操作的次数 $T(n)$ 为：

$$T(n) = n + 1 + n(n+1) + n^2 + n^2(n+1) + n^3$$
$$T(n) = 2n^3 + 3n^2 + 2n + 1$$

$T(n)$ 的数量级为 $n^3$，因此，该算法的时间复杂度为 $O(n^3)$。

例 1.10：求下面算法的时间复杂度。

```
    {  ++x;
       s=0;
    }
```

算法分析：

将 x 自增看成是基本操作，则语句频度为 1，即时间复杂度为 $O(1)$；如果将 s=0 也看成是基本操作，则语句频度为 2，其时间复杂度仍为 $O(1)$，即时间复杂度为**常量阶**。

例 1.11：求下面算法的时间复杂度。

```
    for(i=1;i<=n;++i)
    {  ++x;
       s+=x;
    }
```

算法分析：

该循环结构的基本操作的语句频度为 $2n$，其时间复杂度为 $O(n)$，即时间复杂度为**线性阶**。

例 1.12：求下面算法的时间复杂度。

```
    for(i=1;i<=n;++i)
        for(j=1;j<=n;++j)
            {++x;s+=x; }
```

算法分析：

该双重循环结构的基本操作的语句频度为 $2n^2$，其时间复杂度为 $O(n^2)$，即时间复杂度为**平方阶**。

定理：若 $T(n) = a_m n^m + \cdots + a_1 n + a_0$ 是一个 $m$ 次多项式，则 $T(n) = O(n^m)$。

随着 $n$ 值的增大，不同数量级对应的值的增长速度是不一样的，它们之间存在以下关系：

$$O(\log_2 n) < O(n) < O(n\log_2 n) < O(n^2) < O(n^3) < O(2^n) < O(n!)$$

**2．时间复杂度的分类**

（1）从数量级角度来分

常见的时间复杂度有：常数阶 $O(1)$，对数阶 $O(\log_2 n)$，线性阶 $O(n)$，线性对数阶 $O(n\log_2 n)$，平方阶 $O(n^2)$，立方阶 $O(n^3)$，……，$k$ 次方阶 $O(n^k)$，指数阶 $O(2^n)$。随着问题规模 $n$ 的不断增大，时间复杂度不断增大，算法的执行效率不断降低。

（2）从执行效率来分

算法的时间复杂度分为最好、最差和平均三种情况。平均情况的时间复杂度最有实际意义，它确切地反映了运行一个算法的平均快慢程度。其实，大部分算法的平均和最差情况下的时间复杂度具有相同的数量级，主要区别在于最高次幂的系数上。也有一些算法的最好、最差和平均情况下的时间复杂度或相应的数量级都是相同的。

例 1.13：下面是从一维数组 a[n]中查找等于给定值 key 的元素的算法，求其时间复杂度。

```
Status SequenceSearch(int a[],int n,int key)
{ /*若查找成功则返回元素下标值，否则返回-1*/
  int i;
  for(int i=0;i<n;i++)
      if(a[i]==key) return i;
  return -1;
}
```

算法分析：

此算法的时间复杂度主要取决于 for 循环体中基本操作的频度。最好情况是第一个元素 a[0]的值等于 key，相应的时间复杂度为 $O(1)$；最差情况是最后一个元素 a[n–1]的值等于 key，相应的时间复杂度为 $O(n)$；平均情况是每一个元素等于 key 都有相同的概率（即 $1/n$），则查找成功所需要与 key 进行比较的平均次数是 $\frac{1}{n}\sum_{i=1}^{n}i=\frac{n+1}{2}$，相应的时间复杂度为 $O(n)$。

## 1.3.2　空间复杂度

空间复杂度（Space Complexity）是对一个算法在运行过程中临时占用存储空间大小的量度，包括存储算法本身所占用的存储空间，算法的输入/输出数据所占用的存储空间，以及算法在运行过程中对数据进行操作时临时占用的存储空间。记作：

$$S(n) = O(f(n))　（其中 n 为问题的规模或大小）$$

空间复杂度有常量级 $O(1)$、平方根级 $O(\sqrt{n})$、线性级 $O(n)$、平方级 $O(n^2)$、对数级 $O(\log_2 n)$ 等不同级别。评价算法的空间复杂度通常只考虑在运行过程中为局部变量分配的存储空间的大小：

① 为参数表中形参变量分配的存储空间。

② 为在函数体中定义的局部变量分配的存储空间。

对于一个算法而言，其时间复杂度和空间复杂度往往是相互影响的。算法的所有性能之间都存在或多或少的相互影响，设计算法时要综合考虑算法的各项性能、算法的使用频率、算法处理的数据量的大小、算法描述语言的特性、算法运行的机器环境等各方面的因素。

# 小　结

本章介绍了数据、数据结构的基本概念；阐述了数据结构所包含的三个方面的内容，即数据的逻辑结构、数据的存储结构和数据的运算；讨论了四种基本的逻辑结构与四种基本的存储方式的特征。同时，给出了算法的概念、描述算法的工具与如何进行算法复杂度分析。

# 知 识 巩 固

## 一、简答题

1．简述下列概念：

　　数据，数据元素，数据类型，数据结构，逻辑结构，存储结构

2．什么是算法？简述算法的七个特性及评价标准。

3. 用 C 语言描述算法：求两个正整数 $x$，$y$ 的最大公约数。

## 二、选择题

1. 算法的时间复杂度取决于（　　　）。

    A. 问题的规模　　　　B. 待处理数据的初态　　　　　　C. A 和 B

2. 计算机算法指的是解决问题的步骤序列，它必须具备（　　　）这三个特性。

    A. 可执行性、可移植性、可扩充性

    B. 可执行性、确定性、有穷性

    C. 确定性、有穷性、稳定性

    D. 易读性、稳定性、安全性

3. 从逻辑上可以把数据结构分为（　　　）两大类。

    A. 动态结构、静态结构　　　　　B. 顺序结构、链式结构

    C. 线性结构、非线性结构　　　　D. 初等结构、构造型结构

4. 在下面的程序段中，对 x 赋值的语句的频度为（　　　）。

```
for(i=0;i<n;i++)
    for(j=0;j<n;j++)  x=x+1;
```

    A. $O(2n)$　　　　　　B. $O(n)$　　　　　　　　C. $O(n^2)$　　　　　D. $O(\log_2 n)$

5. 下面的程序段中， n 为正整数，则最后一行的语句频度在最坏情况下是（　　　）。

```
for(i=n-1;i>=1;i--)
        for(j=1;j<=i;j++)
        if (A[j]>A[j+1]) A[j]与A[j+1]对换;
```

    A. $O(n)$　　　　　　B. $O(n\log_2 n)$　　　　　C. $O(n^3)$　　　　　D. $O(n^2)$

## 三、填空题

1. 对于给定的 $n$ 个元素,可以构造出的逻辑结构有_____、_____、_____、_____四种。

2. 数据结构中评价算法的两个重要指标是_____。

3. 数据结构是研讨数据的_____和_____，以及它们之间的相互关系，并对与这种结构定义相应的_____，设计出相应的_____。

4. 一个算法具有五个特性：_____、_____、_____、有零个或多个输入、有一个或多个输出。

# 实 训 演 练

1. 已知如下程序段：

```
for(i=n;i>0;i--)           /*语句 1*/
{
  x=x+1;                   /*语句 2*/
  for(j=n;j>=i;j--)         /*语句 3*/
    y=y+1;                 /*语句 4*/
}
```

则：

    语句 1 执行的频度为_____；

语句 2 执行的频度为_____;

语句 3 执行的频度为_____;

语句 4 执行的频度为_____。

2. 在下面的程序段中，对 x 赋值的语句的频度为_____。（n>1）

```
for(i=0;i>n;i++)
    for(j=0;j>i;j++)
        for(k=0;k>j;k++)
            x = x +delta;
```

3. 下面程序段中带下画线的语句的执行次数的数量级是_____。（n>1）

```
i=1;
while(i<n)
    i=i*2;
```

4. 计算机执行下面的语句时，语句 s 的执行次数为_____。（n>1）

```
for(i=1;i<n-1;i++)
    for(j=n;j>=i;j--)
        s;
```

5. 下面程序段的时间复杂度为_____。（n>1）

```
sum=1;
for(i=0;sum<n;i++)
    sum+=1;
```

# 第②章

线性表

线性表是最基本、最简单也是最常用的一种数据结构。线性表中数据元素之间的关系是一对一的关系，即除了第一个和最后一个数据元素之外，其他数据元素都是首尾相接的。线性表的逻辑结构简单，便于实现和操作。因此，线性表是在实际应用中广泛采用的一种数据结构。

本章主要介绍线性表的基本概念以及线性表在不同存储结构下的基本运算。

**本章重点：**

- 线性表的基本概念
- 线性表的基本运算
- 线性表顺序存储及运算
- 线性表链式存储及运算

**本章难点：**

- 循环链表及运算
- 双向循环链表及运算

## 2.1 线性表的定义及操作

线性表是最简单且最常用的一种线性结构。它有两种存储方式，即顺序存储和链式存储。它的基本操作是插入、删除、检索、合并等。下面介绍线性表的定义和操作。

### 2.1.1 线性表的定义

线性表（Linear List）是一种线性结构。所谓线性结构，是指数据元素之间的关系是线性的，即数据元素是一个接一个的排列，可以把它们"串在一条直线上"。在一个线性表中数据元素的类型是相同的，或者说线性表是由同一类型的数据元素构成的线性结构。

线性表的逻辑结构描述如下：

线性表是由 $n$（$n \geq 0$）个类型相同的数据元素组成的有限序列。通常表示成下列形式：

$$L=(a_0, a_1, \cdots, a_{i-1}, a_i, a_{i+1}, \cdots, a_{n-1})$$

其中：$L$ 为线性表的名称，习惯用大写字母表示；$a_i$ 为组成该线性表的数据元素，习惯用小写字母表示。

线性表中数据元素的个数称为线性表的长度，当 $n=0$ 时，称为空线性表。对于非空线性表，其具有以下特点：

① 表中有且仅有一个开始结点，如 $a_0$；

② 表中有且仅有一个终端结点，如 $a_{n-1}$；

③ 除开始结点外，其他每个元素有且仅有一个直接前驱结点，如 $a_i$ 的直接前驱结点是 $a_{i-1}$；

④ 除终端结点外，其他每个元素有且仅有一个直接后继结点，如 $a_i$ 的直接后继结点是 $a_{i+1}$。

线性表中的元素 $a_i$ 仅是一个抽象符号，在不同的具体情况下，可以有不同的含义。例如，英文字母表 La=(A，B，C，…，Z)是一个长度为 26 的线性表，其中的数据元素是字母；某公司 2011 年每月产值表 Lv=(400, 420, 500, ..., 600, 650)（单位：万元）是一个长度为 12 的线性表，其中的数据元素是数值。数据元素的类型可以是简单类型，也可以是复杂类型。例如，图书馆的图书登记表 Lb=(book1,book2,…,book100)，数据元素类型为结构体类型：

```
struct bookinfo{
  int  No;              //图书编号
  char name[40];        //图书名称
  char auther[10];      //作者姓名
  …;
}
```

## 2.1.2  线性表的操作

根据线性表的逻辑结构定义线性表的基本运算，这些基本运算包括线性表的初始化、求线性表的长度、取表中某一个元素等。

（1）线性表初始化：InitList(*L*)

功能：构造一个空的线性表 *L*。

（2）求线性表的长度：LengthList(*L*)

功能：返回线性表 *L* 所含元素的个数。

（3）取表中元素：GetList(*L*,*i*)

功能：返回线性表 *L*（$0 \leqslant i \leqslant$ LengthList(*L*)$-1$）的第 *i* 个数据元素。

（4）查找操作：LocateList(*L*,*x*)

功能：在线性表 *L* 中查找值为 *x* 的数据元素。若 *x* 在 *L* 中，则返回 *x* 在 *L* 中首次出现的位置；否则，返回 0。

（5）插入操作：InsertList(*L*,*i*,*x*)

功能：在线性表 *L* 的第 *i*（$0 \leqslant i \leqslant$ LengthList(*L*)）个位置上插入一个值为 *x* 的新元素，这样使原序号为 *i*，*i*+1，…，*n*-1 的数据元素的序号变为 *i*+1，*i*+2，…，*n*，表的长度增加 1。

（6）删除操作：DeleteList(*L*,*i*)

功能：在线性表 *L* 中删除序号为 *i*（$0 \leqslant i \leqslant$ LengthList(*L*)$-1$）的数据元素，这样使原序号为 *i*+1，*i*+2，…，*n*-1 的数据元素的序号变为 *i*，*i*+1，…，*n*-2，表的长度减少 1。

# 2.2  线性表运算

数据结构的运算是定义在数据的逻辑结构基础上，而运算的具体实现依赖于数据的存储结构。线性表的主要存储结构有两种：顺序存储和链式存储。下面分别介绍在这两种存储结构中线性表运算的实现，以及链式存储结构中的循环链表和双向循环链表的运算。

## 2.2.1　顺序存储实现

### 1. 线性表的顺序存储结构

线性表的顺序存储结构是指在内存中用地址连续的一块存储空间顺序存放线性表中的每个数据元素，使线性表中相邻的数据元素存放在地址相邻的存储单元中，如图 2.1 所示。用这种存储方式存储的线性表称为顺序表。

| 存储地址 | 内存单元 |
|---|---|
| LOC($a_0$) | ... |
| LOC($a_1$) | $a_1$ |
| LOC($a_2$) | $a_2$ |
| LOC($a_3$) | $a_3$ |
| ... | ... |
| LOC($a_i$) | $a_i$ |
| ... | ... |
| LOC($a_{n-1}$) | $a_{n-1}$ |
| ... | ... |

图 2.1　线性表的顺序存储

图中，LOC($a_i$)为数据元素 $a_i$ 所在内存单元的地址。

设一个数据元素所占据的存储单元数目为 $d$，则相邻两个数据元素的存储位置计算公式为：

$$LOC(a_i)=LOC(a_{i-1})+d$$

根据线性表的存储特点，可以得出，对于线性表中任意一个数据元素 $a_i$，它的存储位置为：

$$LOC(a_i)=LOC(a_0)+i \cdot d$$

这样，只要知道顺序表首地址和一个数据元素所占的存储单元数目，就可以得出第 $i$ 个数据元素的位置，这也体现了顺序表具有按数据元素的序号随机存取的特点。

在程序设计语言中，一维数组在内存中占用的存储空间就是一片连续的存储区域，因此，一般用一维数组来表示顺序表的顺序存储。

在 C 语言中，可用下面的语句定义一个顺序表：

```
#define MAXSIZE  100          /*线性表的最大长度*/
typedef int  datatype;        /*为方便起见，设数据元素为整型*/
typedef struct{
    datatype  data[MAXSIZE];  /*存放线性表中数据元素的一维数组*/
    int length;               /*存放线性表的当前长度*/
} SeqList;
int main()
{   SeqList  *L;              /*定义 L 是线性表*/
    L=(SeqList *)malloc(sizeof(SeqList));
    ...
    return 0;
}
```

**2. 顺序表运算的实现**

**（1）初始化线性表**

```
void InitList(SeqList *L)
{
    L->length=0;                          /*将当前线性表长度置0*/
}
```

**（2）求线性表的长度**

```
int LengthList(SeqList *L)
{
    return  L->length;                    /*返回线性表的长度*/
}
```

**（3）取线性表中的第 $i$ 个元素**

在线性表 $L$ 中，取出第 $i$ 个数据元素。

```
datatype GetList(SeqList *L,int i)
{
    if(i<0||i>L->length-1)                /*判断 i 值是否合理*/
        printf("位置错误! ");
    else
        return L->data[i];
}
```

**（4）查找操作**

在线性表 $L$ 中查找值为 $x$ 的数据元素。若 $x$ 在 $L$ 中，则返回 $x$ 在 $L$ 中首次出现的位置；否则，返回 0。

```
int  LocateList(SeqList *L,datatype x)
{   int j;
    for(j=0;j<=L->length-1;j++)
        if(L->data[j]==x)  return j;  /*返回 x 在 L 中首次出现的位置*/
    if(j==L->length)
    {   printf("\n 没有找到!");
        return 0;
    }
}
```

**（5）插入操作**

在线性表 $L$ 的第 $i$（$0 \leqslant i \leqslant \text{LengthList}(L)$）个位置上插入一个值为 $x$ 的新元素，表的长度增加 1，如图 2.2 所示。

```
void InsertList(SeqList *L,int i,datatype x)
{   int j;
    if(L->length==MAXSIZE)                /*检查是否有剩余空间*/
    {   printf("线性表已满! ");
        return;
    }
    if(i<0||i>L->length)                  /*检查插入位置的 i 值是否合理*/
    {   printf("插入位置错!");
        return;
    }
    for(j=L->length-1;j>=i;j--)
```

```
        L->data[j+1]=L->data[j];        /*将第 i 个位置后的所有元素向后移*/
        L->data[i]=x;                   /*将 x 插入在第 i 个位置上*/
        L->length++;                    /*使线性表的长度增加 1*/
    }
```

插入前　　　　　　　　　插入后

图 2.2　线性表元素的插入

（6）删除操作

在线性表 $L$ 中删除序号为 $i$ 的数据元素，这样使原序号为 $i+1$，$i+2$，$\cdots$，$n-1$ 的数据元素的序号变为 $i$，$i+1$，$\cdots$，$n-2$，表的长度减少 1，如图 2.3 所示。

```
    void DeleteList(SeqList *L,int i)
    { int j;
        if(L->length==0)
        { printf("线性表已空! ");
          return;
        }
        if(i<0||i>L->length-1)
        { printf("删除位置错!");
          return;
        }
        for(j=i+1;j<=L->length-1;j++)
          L->data[j-1]=L->data[j];       /*将第 i+1 个位置后的所有元素前移*/
        L->length--;                     /*将线性表的长度减少 1*/
    }
```

删除前　　　　　　　　删除后

图 2.3　线性表元素的删除

### 2.2.2 链式存储实现

顺序表存储结构的特点是逻辑上相邻的数据元素在物理上也是相邻的,它要求用连续的存储单元顺序存储线性表中的元素。因此,对顺序表进行插入、删除元素的操作时,需要移动数据元素;另外,对于长度变化较大的线性表,要一次性地分配足够的存储空间,而且这些空间常常又得不到充分的利用,而线性表的链式存储结构则能克服上述不足。

#### 1. 线性表的链式存储结构

线性表的链式存储结构是指用一组任意的存储单元(可以连续,也可以不连续)存储线性表中的数据元素。为了反映数据元素之间的逻辑关系,对于每个数据元素不仅要表示其具体内容,还要附加一个表示其直接前驱或直接后继结点的地址信息。例如,线性表($a_0$, $a_1$, …, $a_{n-1}$)对应的链式存储结构如图 2.4 所示。

图 2.4　线性表的链式存储

用这种方式存储的线性表称为链表(Linked List)。线性表的链式存储结构有很多种类,可分为单链表、循环链表、双向循环链表等。

#### 2. 单链表

在线性表的链式存储结构中,存储一个数据元素需要两部分信息,即数据元素内容和它的直接后继元素存储地址,这两部分信息组成线性表的一个结点,其中表示数据元素内容的部分称为数据域(data),表示直接后继元素存储地址的部分称为指针或指针域(next)。如果每个结点只有一个指向后继结点的指针,则这样的链表称为单链表(Single Linked List)。单链表简化的图形描述形式如图 2.5 所示。

图 2.5　单链表的简化形式

其中,head 是头指针,它指向单链表中的第一个结点,这是单链表操作的入口点。由于最后一个结点没有直接后继结点,所以,它的指针域放入一个特殊的值 NULL。NULL 值在图示中常用符号"∧"表示。

为了简化对链表的操作,人们经常在链表的第一个结点之前附加一个结点,称为头结点,头结点的数据域不存储元素。这样可以免去对链表第一个结点的特殊处理。称这样的链表为带头结点的链表,如图 2.6 所示。

图 2.6 带头结点的单链表

链式存储结构的特点：

① 数据元素在存储单元中的存放顺序与逻辑顺序不一定一致；

② 在对线性表操作时，只能通过头指针进入链表，并通过每个结点的指针域向后扫描其余结点，这样就给取元素和查找元素的操作带来了麻烦，但它对于插入、删除操作而言效率有所提高。

在 C 语言中，实现线性表的链式存储结构的类型定义如下：

```
typedef strcut node{                           /*结点类型*/
  EntryType  data;
  struct node *next;
}NODE;
typedef struct{                                /*链表类型*/
  NODE *head;
}LinkList;
int main()
{  LinkList  *L;                               /*定义 L 是线性表*/
    ...
    return 0;
}
```

### 3. 带头结点的单链表运算的实现

（1）初始化链表 *L*

```
int InitList(LinkList *L)
{
  L->head=(*NODE)malloc(sizeof(NODE));         /*为头结点分配存储单元*/
  if(L->head) {L->head->next=NULL; return OK;}
  else  return ERROR ;
}
```

（2）销毁链表 *L*

```
void DestoryList(LinkList *L)
{
  NODE *p;
  while(L->head){                              /*依次删除链表中的所有结点*/
    p=L->head;L->head=L->head->next;
    free(p);
  }
}
```

（3）清空链表 *L*

```
void ClearList(LinkList *L)
{
  NODE *p;
  while(L->head->next){
    p=L->head->next;                           /*p 指向链表中头结点后面的第一个结点*/
    L->head->next=p->next;                     /*删除 p 结点*/
    free(p);                                   /*释放 p 结点占据的存储空间*/
```

```
    }
  }
```

（4）求链表 *L* 的长度

```
int ListLength(LinkList  L)
{
  NODE *p;
  int len;
  for(p=L.head,len=0;p->next!=NULL;p=p->next,len++);
  return(len);
}
```

（5）判链表 *L* 空否

```
int IsEmpty(LinkList L)
{
  if(L.head->next==NULL) return TRUE;
  else return FALSE;
}
```

（6）通过 e 返回链表 *L* 中第 *i* 个数据元素的内容

```
void GetElem(LinkList L,int i,EntryType *e)
{
  NODE *p;
  int j;
  if(i<1||i>ListLength(L)) return ERROR;          /*检测 i 值的合理性*/
  for(p=L.head,j=0;j!=i;p=p->next,j++);           /*找到第 i 个结点*/
    *e=p->data;        /*将第 i 个结点的内容赋给 e 指针所指向的存储单元中*/
}
```

（7）在链表 *L* 中检索值为 e 的数据元素

```
NODE *LocateELem(LinkList L,EntryType e)
{
  NODE *p;
  for(p=L.head->next;p&&p->data!=e;p=p->next); /*寻找满足条件的结点*/
  return(p);
}
```

（8）返回链表 *L* 中结点 e 的直接前驱结点

```
NODE *PriorElem(LinkList L,NODE *e)
{
  NODE *p;
  if(L.head->next==e) return NULL;                /*检测第一个结点*/
  for(p=L.head;p->next&&p->next!=e;p=p->next);
  if(p->next==e) return p;
   else return NULL;
}
```

（9）返回链表 *L* 中结点 e 的直接后继结点

```
NODE *NextElem(LinkList  L,NODE *e)
{
  NODE *p;
  for(p=L.head->next;p&&p!=e;p=p->next);
  if(p) p=p->next;
  return p;
```

```
        }
```

（10）在链表 L 中第 i 个数据元素之前插入数据元素 e

```
        int ListInsert(LinkList *L,int i,EntryType e)
        {
          NODE *p,*s;
          int j;
          if(i<1||i>ListLength(L)) return ERROR;
          s=(NODE*)malloc(sizeof(NODE));
          if(s==NULL) return ERROR;
          s->item=e;
          for(p=L->head,j=0;p&&j<i-1;p=p->next;j++);     /*寻找第 i-1 个结点*/
          s->next=p->next;p->next=s;                     /*将 s 结点插入*/
          return OK;
        }
```

（11）将链表 L 中第 i 个数据元素删除，并将其内容保存在 e 中

```
        int ListDelete(LinkList *L,int i,EntryType *e)
        {
          NODE *p,*s;
          int j;
          if(i<1||i>ListLength(L)) return ERROR;        /*检查 i 值的合理性*/
          for(p=L->head,j=0;j<i-1;p=p->next,j++);       /*寻找第 i-1 个结点*/
          s=p->next;                                    /*用 s 指向将要删除的结点*/
          *e=s->data;
          p->next=s->next;                              /*删除 s 指针所指向的结点*/
          free(s);
          return OK;
        }
```

### 2.2.3　循环链表实现

循环链表（Circular Linked List）是将单链表的表中最后一个结点指针指向链表的表头结点，整个链表形成一个环，从表中任一结点出发都可找到表中其他的结点。

实现循环链表的类型定义与单链表完全相同，它的所有操作也都与单链表类似，只是判断链表结束的条件有所不同。下面给出的是带头结点的循环链表结构，这里链表中最后一个结点的 next 域指向头结点，如图 2.7 所示。

图 2.7　带头结点的循环链表示意图

下面列举两个循环链表操作的算法示例。

#### 1. 初始化链表 CL

```
    int InitList(LinkList *CL)
    {
      CL->head=(*NODE)malloc(sizeof(NODE));
```

```
          /*让 next 域指向它自身*/
          if(CL->head) {CL->head->next=CL->head; return OK;}

          else  return ERROR;
        }
```

## 2. 在循环链表 CL 中检索值为 e 的数据元素

```
        NODE *LocateELem(LinkList CL,EntryType e)
        {
          NODE *p;
          for(p=CL.head->next;(p!=CL.head)&&(p->data!=e);p=p->next);
          if(p!=CL.head) return p;
            else return NULL;
        }
```

### 2.2.4  双向循环链表

前面介绍的线性链表都存在这样的缺陷：要访问链表中的前驱结点比较麻烦，它需要从头结点开始扫描。例如，当要删除某个特定结点时，需要找到它的前驱结点，或者要在某个结点之前插入一个新的结点，也需要找到特定结点的前驱结点。为了更容易找到指定结点的前驱结点，这里介绍一种新的链表结构，称为带头结点的双向循环链表（Double Circular Linked List）。

带头结点的双向循环链表每个结点有两个指针域。一个指向前继结点，另一个指向后驱结点，如图 2.8 所示。

图 2.8  带头结点的双向循环链表

实现双向循环链表的类型定义如下：

```
        typedef strcut du_node{              /*双向链表的结点类型*/
          EntryType  data;
          struct du_node *prior,*next;
        }DU_NODE;
        typedef struct{                      /*双向链表类型*/
          DU_NODE *head;
        }DU_LINK_LIST;
```

## 1. 初始化双向循环链表

```
        int InitDuList(DU_LINK_LIST *DL)
        {
          DL->head=(DU_NODE*)malloc(sizeof(DU_NODE));   /*为头结点分配存储单元*/
          if(DL->head==NULL) return ERROR;
          DL->head->next=DL->head;              /*让头结点的 next 域指向自身*/
          DL->head->prior=DL->head;             /*让头结点的 prior 域指向自身*/
          return OK;
        }
```

## 2. 在双向循环链表中插入数据元素

设有双向循环链表 DL，在结点 p 之前插入新结点 s 的过程如图 2.9（a）所示。其中结点 s

的结构如图 2.9（b）所示。

（a）插入 p 结点　　　　　　　　　　　　　　　（b）结点 s 的结构

图 2.9　插入一个结点

按照插入过程，语句序列为：

```
s->next=p;
s->prior=p->prior;
p->prior->next=s;
p->prior=s;
```

完整的算法如下：

```
int DuListInsert(DU_LINK_LIST *L,int i,EntryType e)
{
  DU_NODE *p,*s;
  int j;
  if(i<1||i>ListLength(DL)+1) return ERROR;      /*检测 i 值的合理性*/
  s=(DU_NODE*)malloc(sizeof(DU_NODE));           /*为新结点分配存储单元*/
  if(s==NULL) return ERROR;
  s->item=e;
  for (p=L->head,j=0;p&&j<i;p=p->next;j++);       /*寻找第 i 个结点*/
  s->next=p;s->prior=p->prior;                    /*将新结点插入*/
  p->prior->next=s;p->prior=s;
  return OK;
}
```

### 3. 创建双向循环链表

```
void Create_Du_Link_List(DU_LINK_LIST *DL)
{
  if(InitDulist(DL)==ERROR) exit ERROR;
  scanf("%d",&data);
  for(int i=1;data;i++){
    DuListInsert(DL,i,data);
    scanf("%d",&data);
  }
}
```

### 4. 在双向链表中删除值为 e 的结点

```
int DulistDelete(DU_LINK_LIST *L,EntryType,x)
{
  node *p;
  p=head->next;
```

```
        while(p!=L->head&&p->data!=e)p=p->next;
        if(p==L->head) return ERROR;
        p->prior->next=p->next;
        p->next->prior=p->prior;
        free(p);
    }
```

## 2.2.5 顺序表与链表的比较

前面介绍了线性表的逻辑结构及其两种存储结构：顺序表和链表。通过对它们的讨论可知它们各有优缺点。

### 1. 顺序表的优点和缺点

顺序存储有以下三个优点：

① 方法简单，各种高级语言中都有数组，容易实现。

② 不用为表示结点间的逻辑关系而增加额外的存储开销。

③ 顺序表具有按元素序号随机访问的特点。

但是，顺序表有以下两个缺点：

① 在顺序表中进行插入、删除操作时，平均移动大约表中一半的元素，因此对 $n$ 较大的顺序表效率低。

② 需要预先分配足够大的存储空间，估计过大，可能会导致顺序表后部大量闲置；预先分配过小，又会造成溢出。

### 2. 链表的优点和缺点

链表的优缺点正好与顺序表相反。

### 3. 选取存储结构的原则

（1）基于存储的考虑

顺序表的存储空间是静态分配的，在程序执行之前必须明确规定它的存储规模，也就是说事先对"MAXSIZE"要有合适的设定，过大造成浪费，过小造成溢出。可见，对线性表的长度或存储规模难以估计时，不宜采用顺序表。链表不用事先估计存储规模，但链表的存储密度较低。存储密度是指一个结点中数据元素所占的存储单元和整个结点所占的存储单元之比。显然，链式存储结构的存储密度是小于 1 的。

（2）基于运算的考虑

在顺序表中按序号访问 $a_i$ 的时间性能为 $O(1)$，而链表中按序号访问的时间性能为 $O(n)$，所以如果经常进行的运算是按序号访问数据元素，显然顺序表优于链表；而在顺序表中进行插入、删除时平均移动表中一半的元素，当数据元素的信息量较大且表较长时，这一点是不应忽视的；在链表中进行插入、删除，虽然也要找插入位置，但操作主要是比较操作，从这个角度考虑显然后者优于前者。

（3）基于环境的考虑

顺序表容易实现，任何高级语言中都有数组类型，链表的操作是基于指针的，相对来讲前者简单些。

总之，两种存储结构各有长短，选择那一种由实际问题中的主要因素决定。通常"较稳定"

的线性表选择顺序存储，而频繁进行插入、删除的即动态性较强的线性表宜选择链式存储。

# 2.3　经典应用实例

在计算机处理数据过程中，线性表是经常用到的一种数据结构。该数据结构的逻辑结构简单，便于实现和操作。下面介绍线性表在约瑟夫问题和多项式求和中的应用。通过这两个经典应用实例的介绍，进一步掌握线性表的概念和运算。

## 2.3.1　约瑟夫问题

### 1. 问题描述

编号为 1，2，…，$n$ 的 $n$ 个人按顺时针方向围坐在一张圆桌旁，每个人手中持有一个密码（正整数）。首先，输入一个正整数作为报数上限值 $m$，然后，从第一个人开始按顺时针方向自 1 开始顺序报数，报到 $m$ 的人离开桌旁，并将他手中的密码作为新的 $m$ 值，从顺时针方向的下一个就坐在桌旁的人开始重新从 1 报数，如此下去，直至所有人全部离开桌旁为止。这就是著名的约瑟夫（Joseph）问题。

### 2. 数据结构分析

问题的主角是 $n$ 个人，每个人需要描述的信息有：编号、密码。

（1）顺序存储结构

使用顺序存储结构，可以申请一个连续的存储空间，用一维数组表示，最大可以容纳 $n$ 个元素，元素下标从 0 开始，报号密码为 $m$，初始值由键盘输入。首先，从第一个元素开始进行报数，num 为当前所报的数，当 num==m 时，报数终止，计算当前报数人的数组下标（因为顺时针围绕圆桌，所以采用 i=i%count，i 为数组下标），输出离开圆桌的人的编号，记录其密码，即下一轮开始报数的密码，再删除该元素，然后圆桌所在人数减 1，如此继续，直到圆桌人数为 0 结束。它的顺序表结构如图 2.10 所示。

用 C 语言定义数据结构如下：

```
/*循环链表中每个结点的数据域部分的类型*/
typedef struct{
  int No;              /*编号*/
  int code;            /*密码*/
}INFO;
typedef INFO EntryType;
```

| | | |
|---|---|---|
| $a_0$ | 1 | Code1 |
| $a_1$ | 2 | Code2 |
| … | … | … |
| … | … | … |
| $a_{n-1}$ | $n$ | Code$n$ |

图 2.10　约瑟夫顺序表结构图

（2）循环单链表结构

使用一个不带头结点的循环单链表结构，其结点结构如图 2.11 所示。

约瑟夫循环单链表结构如图 2.12 所示。

图 2.11　结点结构

图 2.12　约瑟夫循环单链表结构

定义数据结构如下：

```
typedef struct{                    /*循环链表中每个结点的数据域部分的类型*/
    int No;                        /*编号*/
    int code;                      /*密码*/
    struct node *next;
}NODE;
```

### 3. 实体模拟

假设有 7 个人，编号从 1 到 7，他们手中的密码分别是 3，1，7，2，4，8，4，这里设报号密码为 $m$。初始化形式如图 2.13 所示。

| 编号 | 1 | 2 | 3 | 4 | 5 | 6 | 7 |
|------|---|---|---|---|---|---|---|
| 密码 | 3 | 1 | 7 | 2 | 4 | 8 | 4 |

图 2.13　初始化形式

设最初的 $m$=2，通过报数，这 7 个人离开桌旁的顺序应该是：2，3，5，4，7，6，1。具体模拟过程如下：

① 首先，从编号为 1 的人开始报数，初始 $m$=2，因此当报到 2 时编号为 2 的人离开圆桌，此时 $m$=1。信息表示如图 2.14 所示。

| 编号 | 1 | 3 | 4 | 5 | 6 | 7 |
|------|---|---|---|---|---|---|
| 密码 | 3 | 7 | 2 | 4 | 8 | 4 |

图 2.14　第①步后的状态

② 从下一个编号为 3 的人开始报数，$m$=1，当报到 1 时编号为 3 的人时离开圆桌，此时 $m$=7。信息表示如图 2.15 所示。

③ 从下一个编号为 4 的人开始报数，$m$=7，依次循环报数，当报到 7 时编号为 5 的人时离开圆桌，此时 $m$=4。信息表示如图 2.16 所示。

| 编号 | 1 | 4 | 5 | 6 | 7 |
|------|---|---|---|---|---|
| 密码 | 3 | 2 | 4 | 8 | 4 |

图 2.15　第②步后的状态

| 编号 | 1 | 4 | 6 | 7 |
|------|---|---|---|---|
| 密码 | 3 | 2 | 8 | 4 |

图 2.16　第③步后的状态

④ 从下一个编号为 6 的人开始报数，$m$=4，依次循环报数，当报到 4 时编号为 4 的人时离开圆桌，此时 $m$=2。信息表示如图 2.17 所示。

⑤ 从下一个编号为 6 的人开始报数，$m$=2，依次循环报数，当报到 2 时编号为 7 的人时离开圆桌，此时 $m$=4。信息表示如图 2.18 所示。

⑥ 从下一个编号为 1 的人开始报数，$m$=4，依次循环报数，当报到 4 时编号为 6 的人时离开圆桌，此时 $m$=8。信息表示如图 2.19 所示。

| 编号 | 1 | 6 | 7 |
|------|---|---|---|
| 密码 | 3 | 8 | 4 |

图 2.17　第④步后的状态

| 编号 | 1 | 6 |
|------|---|---|
| 密码 | 3 | 8 |

图 2.18　第⑤步后的状态

| 编号 | 1 |
|------|---|
| 密码 | 3 |

图 2.19　第⑥步后的状态

由此可见，最后离开圆桌的是编号为 1 的人。

#### 4. 算法实现

实现约瑟夫问题有多种方法，这里介绍两种简单的实现方法。

（1）顺序存储结构

算法实现如下：

```c
#include <stdio.h>
#include <stdlib.h>
typedef struct term
{
  int no;                                      /*编号*/
  int code;                                    /*密码*/
}TERM;                                         /*将 struct term 定义为 TERM 类型 */
int Joseph(int n, int m)
{
  int count=n;                                 /*count 表示当前圆桌边剩下的人数*/
  int num;                                     /*num 表示当前报的数*/
  int i,j,k;
  TERM *a;
  a=(TERM*)malloc(n*sizeof(TERM));
  /*动态申请连续的 n 个存储单元用来存放每个人的编号和密码*/
  for(i=0; i<n; i++)
  {
    a[i].no=i+1;                               /*保存数组下标为 i 的人的编号*/
    printf("请输入编号为%d 的人的密码:",i+1);
    scanf("%d",&a[i].code);
  }
  printf("\n");
  i=0;num=1;                                   /*从数组下标为 0 的人开始报数*/
  k=1;
  while(count>0)                               /*如果还有剩余人数则循环*/
  {
    if(num==m)                                 /*判断时候是否报数到 m */
    { i=i%count;                               /*计算报数结束时报数人的下标*/
      printf("第%d 次,编号为%d 的人离开!\n",k++,a[i].no);
      m=a[i].code;
      for(j=i+1; j<count; j++)                 /*将下标为 i 的元素删除*/
        a[j-1]=a[j];
      num=1;                                   /*下一个人重新从 1 开始报数*/
      count--;                                 /*当前剩余人数减 1*/
    }
    num++;
    i++;
  }
  return 0;
}
```

（2）链式存储结构

该问题可由两部分组成，分别由如下两个算法完成：建立不带头结点的 *n* 个结点的约瑟夫单循环链表；寻找、输出和删除单循环链表中的第 *m* 个结点。

该算法的具体步骤如下：

① 给出出圈的初始密码后，从单循环链表的第一个结点往下计数寻找第 m 结点；

② 输出该结点的编号 no 值，再将该结点的密码 code 赋给 m，作为下一轮出圈人的报数密码；

③ 删除该结点；

④ 转向执行①，直到所有结点被删除为止。

算法实现如下：

```c
#include "stdlib.h"
#define N 7
typedef struct LNode{              /*定义链表结构*/
    int no;
    int code;
    struct LNode *next;
}LNode,*LinkList;
int  PassW[N]={3,1,7,2,4,8,4};     /*初始化约瑟夫环中的密码值*/
void  Joseph(LinkList p,int m,int num)
{
    LinkList q;
    int i;
    if(num==0)  return;            /*如果链表中没有结点，立即返回*/
    q=p;                           /*使 q 指向要删除的结点，p 指向 q 的前一个结点*/
    for(i=1;i<=m;i++)
    {
        p=q;
        q=p->next;
    }
    p->next=q->next;               /*从循环链表中删除 q 指向的结点*/
    i=q->code;
    printf("%d  ",q->no);
    free(q);                       /*释放 q 指向的空间*/
    Joseph(p,i,num-1);
}
```

## 5. 源程序及运行结果

（1）顺序存储结构源程序代码

```c
#include "stdio.h"
/*此处插入 4 中顺序存储结构的算法*/
int main()
{ int m,n;
  int Joseph(int n,int m);
  printf("请输入开始的人数n:");
  scanf("%d",&n);
  printf("请输入初始密码m:");
  scanf("%d",&m);
  printf("\n");
  Joseph(n,m);
  return 0;
}
```

运行结果如图 2.20 所示。

（2）链式存储结构源代码

```
#include "stdio.h"
/*此处插入 4 中链式存储结构的算法*/
int main()
{
    int  i,m,n;
    LinkList  Lhead,p,q;
    void  Joseph(LinkList p,int m,int x);
  /*创建不带头结点的约瑟夫循环单链表*/
    Lhead=(LinkList)malloc(sizeof(LNode));
                                  /*初始化头结点*/
    if(!Lhead)return 0;   /*如果分配空间失败返回 0*/
    Lhead->no=1;
    Lhead->code=PassW[0];
    Lhead->next=Lhead;
    p=Lhead;
    for(i=1;i<N;i++)
    { /*创建一个新结点,赋编号和密码值,并使 p->next 指向它,再使 p=q*/
      if(!(q=(LinkList)malloc(sizeof(LNode))))return 0;
      q->no=i+1;
      q->code=PassW[i];
      p->next=q;
      p=q;
    }
    p->next=Lhead;              /*使 p->next 指向头结点,从而形成循环单链表*/
    n=N;
    printf("初始状态的总人数为: %d\n",n);
    printf("初始密码为 m:");
    scanf("%d",&m);
    printf("出圈的次序为: ");
    Joseph(p,m,n);
    printf("\n");
    return 0;
}
```

图 2.20  顺序存储结构
约瑟夫问题运行结果

运行结果如图 2.21 所示。

图 2.21  链式存储结构约瑟夫问题运行结果

## 2.3.2  多项式求和

### 1. 问题描述

设已知多项式 $A(x)$ 和 $B(x)$，求多项式 $C(x)=A(x)+B(x)$，这就是**多项式求和**（**the Sum of Polynomial**）问题。

一般代数多项式可表示为

$$Y(x) = C_n x^{En} + C_{n-1} x^{En-1} + \cdots + C_0 x^{E0},$$

其中，$C$ 为系数，$E$ 为指数，并且次数是递减的。

### 2. 数据结构分析

在本例中，用 coef 表示非零系数，exp 表示非零指数，用数组 poly[MAXN]表示多项式 A，B 和 C。具体描述如下：

```
#define MAXN 100
typedef struct term
{
  int coef;
  Int exp;
}TERM;
  TERM poly[MAXN];
```

### 3. 实体模拟

设两个多项式分别为：

$$A(x) = 8x^{60} + 6x^{50} + 4x^{30} + 5x^{25};$$
$$B(x) = 6x^{60} - 7x^{45} + 8x^{20};$$

这两个多项式在数组 poly 中的存储情况如图 2.22 所示。

图 2.22　多项式在数组 poly 中的存储情况

其中：ah，bh 分别是 $A(x)$ 和 $B(x)$ 的第一项的存储位置，at，bt 分别是 $A(x)$ 和 $B(x)$ 的最后一项的存储位置，初始情况：ah=0，at=3，bh=4，bt=6，free 是存放最后运算结果 $C(x)$ 第一项的起始位置 free=7。

设 p 为当前扫描的 $A(x)$ 的项的位置，q 为当前扫描的 $B(x)$ 的项的位置，具体操作步骤如下：

① 初始时，p 指向 $A(x)$ 的第 0 项，q 指向 $B(x)$ 的第 0 项，两个指数相等，系数相加，追加到 $C(x)$ 的开始位置 free。然后，p、q 和 free 分别指向下一项，此时，数组 poly 中的存储状态如图 2.23 所示。

图 2.23　第①步操作后数组 poly 中的存储情况

② p 所指向 $A(x)$ 项的指数大于 q 所指向的 $B(x)$ 项的指数，追加 $A(x)$ 的项。然后，p 和 free 分别指向下一项，此时，数组 poly 中的存储状态如图 2.24 所示。

图 2.24　第②步操作后数组 poly 中的存储情况

③ p 所指向 $A(x)$ 项的指数小于 q 所指向的 $B(x)$ 项的指数，追加 $B(x)$ 的项。然后，q 和 free 分别指向下一项，此时，数组 poly 中的存储状态如图 2.25 所示。

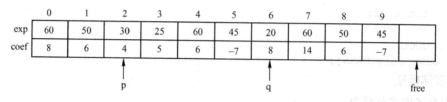

图 2.25　第③步操作后数组 poly 中的存储情况

④ p 所指向 $A(x)$ 项的指数大于 q 所指向的 $B(x)$ 项的指数，追加 $A(x)$ 的项。然后，p 和 free 分别指向下一项，此时，数组 poly 中的存储状态如图 2.26 所示。

图 2.26　第④步操作后数组 poly 中的存储情况

⑤ p 所指向 $A(x)$ 项的指数大于 q 所指向的 $B(x)$ 项的指数，追加 $A(x)$ 的项。然后，p 和 free 分别指向下一项，此时，数组 poly 中的存储状态如图 2.27 所示。

|  | 0 | 1 | 2 | 3 | 4 | 5 | 6 | 7 | 8 | 9 | 10 | 11 | 12 |
|---|---|---|---|---|---|---|---|---|---|---|---|---|---|
| exp | 60 | 50 | 30 | 25 | 60 | 45 | 20 | 60 | 50 | 45 | 30 | 25 |  |
| coef | 8 | 6 | 4 | 5 | 6 | -7 | 8 | 14 | 6 | -7 | 4 | 5 |  |

（p 指向 4，q 指向 6，free 指向 12）

图 2.27　第⑤步操作后数组 poly 中的存储情况

⑥ $A(x)$ 多项式扫描完成，$B(x)$ 还没有扫描完成，把剩余的各项追加到 $C(x)$ 中。数组 poly 中的存储状态如图 2.28 所示。

|  | 0 | 1 | 2 | 3 | 4 | 5 | 6 | 7 | 8 | 9 | 10 | 11 | 12 |
|---|---|---|---|---|---|---|---|---|---|---|---|---|---|
| exp | 60 | 50 | 30 | 25 | 60 | 45 | 20 | 60 | 50 | 45 | 30 | 25 | 20 |
| coef | 8 | 6 | 4 | 5 | 6 | -7 | 8 | 14 | 6 | -7 | 4 | 5 | 8 |

（p 指向 4，q 指向 7，free 指向 12）

图 2.28　第⑥步操作后数组 poly 中的存储情况

## 4. 算法实现

```
#include "stdio.h"
#define MAXN 100
typedef struct
{
  int coef;
  int exp;
}TERM;
int ch,ct;
void Polynomial_sum(TERM poly[],int n,int m)
{ int free,ah,bh,at,bt,p,q,c1,c,qe,pe;
  free=n+m;
  ah=0;bh=m;
  at=m-1;bt=n+m-1;
  p=ah;q=bh;ch=free;
  while(p<=at&&q<=bt)      /*判断 A(x) 和 B(x) 多项式是否扫描完*/
  {
   pe=poly[p].exp;
   qe=poly[q].exp;
   if(pe==qe) c1='=';        /*A(x) 和 B(x) 多项式中当前项的次数相等，ch 记为=*/
     else if(pe<qe) c1='<';  /*A(x) 当前项的次数比 B(x) 当前项的次数小，ch 记为<*/
        else c1='>';         /*A(x) 当前项的次数比 B(x) 当前项的次数大，ch 记为>*/
  switch(c1)
  {
  /*A(x) 和 B(x) 多项式中当前次数相等，则系数相加，如果系数不为 0，则在数组中追加结果*/
  case '=':
   c=poly[p].coef+0poly[q].coef;
   if(c)
   { if(free>=MAXN) break;
     poly[free].coef=c;              /*把系数存放在 free 所指的位置*/
     poly[free].exp=poly[p].exp;  /*把次数存放在 free 所指的位置*/
     free++;}                         /*free 加 1 为下次添加结点提供存放位置*/
   p++;
   q++;
   break;
  case '<':  /*A(x) 的当前次数比 B(x) 当前次数小，追加次数较大的 B(x) 中的项*/
   { if(free>=MAXN) break;
     poly[free].coef=poly[q].coef;
     poly[free].exp=poly[q].exp;
     free++;}
   q++;
   break;
  case '>':  /*A(x) 的当前次数比 B(x) 当前次数大，追加次数较大的 A(x) 中的项*/
   { if(free>=MAXN) break;
     poly[free].coef=poly[p].coef;
     poly[free].exp=poly[p].exp;
     free++;}
   p++;
   break;
```

```
        }
    }
    while(p<=at)        /*如果A(x)多项式还没扫描完,则把剩余项追加*/
    {
      {  if(free>=MAXN) break;
         poly[free].coef=poly[p].coef;
         poly[free].exp=poly[p].exp;
         free++;}
      p++;
    }
     while(q<=bt)        /*如果B(x)多项式还没扫描完,则把剩余项追加*/
     {
       {  if(free>=MAXN) break;
          poly[free].coef=poly[q].coef;
          poly[free].exp=poly[q].exp;
          free++;}
          q++;
     }
     ct=free-1;
    }
```

## 5. 源程序及运行结果

源程序代码:

```
    /*此处插入4中的算法*/
    int main()
    { int i,n,m,free;
      TERM poly[MAXN];
      printf("请输入A(x)多项式的项数:");
      scanf("%d",&m);
      for(i=0;i<=m-1;i++)
        {
          printf("第%d项的系数和次数分别是: ",i+1);
          scanf("%d,%d",&poly[i].coef,&poly[i].exp);
        }
      printf("A(x)多项式表示是: ");
      for(i=0;i<m-1;i++)
        {
          printf("%dx^%d+",poly[i].coef,poly[i].exp);
        }
      printf("%dx^%d",poly[i].coef,poly[i].exp);
      printf("\n");printf("\n");
      printf("请输入B(x)多项式的项数:");
      scanf("%d",&n);
      for(i=m;i<=n+m-1;i++)
        {
          printf("第%d项的系数和次数分别是: ",i-m+1);
          scanf("%d,%d",&poly[i].coef,&poly[i].exp);
        }
      printf("B(x)多项式表示是: ");
      for(i=m;i<n+m-1;i++)
```

```
        {
            printf("%dx^%d+",poly[i].coef,poly[i].exp);
        }
    printf("%dx^%d",poly[i].coef,poly[i].exp);
    printf("\n");printf("\n");
    Polynomial_sum(poly,n,m);
    printf("请输出 C(x)多项式:\n");
    for(i=ch;i<=ct;i++)
    {
      printf("第%d 项的系数和次数分别是: ",i-n-m+1);
      printf("%d,%d",poly[i].coef,poly[i].exp);
      printf("\n");
    }
    printf("C(x)多项式表示是: ");
    for(i=ch;i<ct;i++)
    {
      if(poly[i].coef>0)
        printf("%dx^%d+",poly[i].coef,poly[i].exp);
      if(poly[i].coef<0)
        printf("(%d)x^%d+",poly[i].coef,poly[i].exp);
    }
    printf("%dx^%d",poly[i].coef,poly[i].exp);
    printf("\n");
    return 0;
}
```

运行结果如图 2.29 所示。

图 2.29　多项式求和问题运行结果

# 小　结

本章介绍了最基本的数据结构——线性表。主要介绍了线性表的基本概念及基本运算，如线性表的初始化、求线性表的长度、取表中某一个元素等。除此之外，还介绍了线性表的两种存储结构：顺序存储和链式存储，以及在这两种不同的存储结构表示下线性表运算的实现，如顺序存储实现、链式存储实现、循环链表实现和双向循环链表的实现。最后，通过约瑟夫问题和多项式求和问题，介绍了线性表在实际生活中的应用。

# 知 识 巩 固

## 一、填空题

1．顺序表中逻辑上相邻的元素的物理位置_____相邻。单链表中逻辑上相邻的元素的物理位置_____相邻。

2．线性表以顺序方式存储时，第 $i$ 个数据元素 $a_i$ 的存储位置 LOC($a_i$)＝LOC($a_1$)+_____。（设每个元素需占用 $m$ 个存储单元；LOC($a_1$)是线性表的第一个数据元素 $a_1$ 的存储位置）

3．在顺序存储的线性表中插入或删除一个元素，需要平均移动_____个元素。

4．在顺序存储的线性表中访问任意一结点的时间复杂度均为_____。

5．在 $n$ 个结点的单链表中要删除已知结点*p，需找到其前驱结点的地址，其时间复杂度为_____。

## 二、选择题

1．线性表的顺序存储结构是一种（　　　）。

　　A．随机存取的存储结构　　　　　　　B．顺序存取的存储结构

　　C．索引存取的存储结构　　　　　　　D．Hash 存取的存储结构

2．线性表是具有 $n$ 个（　　　）的有限序列。

　　A．字符　　　　　B．数据元素　　　　C．数据项　　　　　D．表元素

3．线性表（$a_1,a_2,\cdots,a_n$）以链式方式存储，访问第 $i$ 个位置元素的时间复杂度为（　　　）。

　　A．$O(0)$　　　　B．$O(1)$　　　　　C．$O(n)$　　　　　D．$O(n^2)$

4．若长度为 $n$ 的线性表采用顺序存储结构，在其第 $i$ 个位置插入一个新元素的算法的时间复杂度为（　　　）。

　　A．$O(0)$　　　　B．$O(1)$　　　　　C．$O(n)$　　　　　D．$O(n^2)$

5．在 $n$ 个结点的线性表的数组实现中，算法的时间复杂度是 $O(1)$ 的操作是（　　　）。

　　A．访问第 $i$（$0 \leqslant i \leqslant n-1$）个结点和求第 $i$ 个结点的直接前驱（$0 < i \leqslant n-1$）

　　B．在第 $i$（$0 \leqslant i \leqslant n-1$）个结点后插入一个新结点

　　C．删除第 $i$（$0 \leqslant i \leqslant n-1$）个结点

　　D．以上都不对

6．下面关于线性表的叙述中，错误的是（　　　）。

　　A．线性表采用顺序存储，必须占用一片连续的存储单元

　　B．线性表采用顺序存储，便于进行插入和删除操作

　　C．线性表采用链式存储，不必占用一片连续的存储单元

　　D．线性表采用链式存储，便于进行插入和删除操作

7．不带头结点的单链表 head 为空的判定条件是（　　　）。

  A．head == NULL        B．head->next ==NULL

  C．head->next ==head       D．head!=NULL

8．带头结点的单链表 head 为空的判定条件是（   ）。

  A．head == NULL        B．head->next ==NULL

  C．head->next ==head       D．head!=NULL

9．非空的循环单链表 head 的尾结点（由 p 所指向）满足（   ）。

  A．p->next == NULL       B．p == NULL

  C．p->next ==head        D．p == head

10．在循环双链表的 p 所指的结点之前插入 s 所指结点的操作是（   ）。

  A．p->prior = s；s->next = p；p->prior->next = s；s->prior = p->prior

  B．p->prior = s；p->prior->next = s；s->next = p；s->prior = p->prior

  C．s->next = p；s->prior = p->prior；p->prior = s；p->prior->next = s

  D．s->next = p；s->prior = p->prior；p->prior->next = s；p->prior = s

### 三、简答题

1．简述顺序表和链表的优缺点。

2．画出下列数据结构的图示：

顺序表；带头结点的单链表；带头结点的循环单链表；带头结点的双向循环链表

# 实 训 演 练

### 一、程序填空题

1．假如 L 是带表头结点的非空单链表，且 p 结点不是第一个数据元素结点，也不是最后一个数据元素结点，试从下面提供的选项中选择合适的语言序列，实现相应的功能。

（1）p->next=p->next->next;

（2）while(p->next!=q) p=p->next;

（3）while(p->next->next!=NULL)p=p->next;

（4）q=p;

（5）q=p->next;

（6）p=L;

（7）L=L->next;

（8）free(q);

① 删除 p 结点的语句序列为_____；

② 删除 p 结点的直接后继结点的语句序列_____；

③ 删除最后一个数据元素结点的语句序列为_____。

2．假如 L 是一个不带表头结点的单链表，且 p 结点不是第一个数据元素结点，也不是最后一个数据元素结点，试从下面提供的选项中选择适合的语句序列实现相应的功能。

（1）p=L;

（2）L=s;

（3）p->next=s;

（4）s->next=p->next;

（5）s->next=L;

（6）s->next=NULL;

（7）q=p;

（8）while(p->next!=q)p=p->next;

① 在 p 结点前插入 s 结点的语句序列是＿＿＿＿＿＿；

② 在 p 结点后插入 s 结点的语句序列是＿＿＿＿＿＿；

③ 在表首插入 s 结点的语句序列是＿＿＿＿＿＿。

3．以下为顺序表的定位运算，分析算法，请在＿＿＿＿＿＿处填上正确的语句。

```
int locate_sqlist(sqlist L,datatype X)
{i=0;
  while((i<L.last)&&(L.data[i]!=x))i++;
  if(_____) return(i);    else    return(0);
}
```

## 二、程序设计题

1．试给出求顺序表长度的算法。

2．若顺序表 A 中的数据元素按升序排列，要求将 x 插入到顺序表中的合适位置，以保证表的有序性，试给出其算法。

3．试将一个无序的线性表 A=(11，16，8，5，14，10，38，23)转换成一个按升序排列的有序线性表（用链表实现）。

# 第 **3** 章

## 栈

栈是一种经济实用的数据结构。在日常生活中有很多栈的例子。例如，可以把洗碗这个普通家务劳动的过程看成一个不断入栈与出栈的过程。在洗碗过程中，放在左边的一堆是脏碗，放在右边的一堆是干净的碗。每一堆都可以称为一个栈，从左栈取到的碗是这堆碗中最上面的那只碗，这可以看作出栈操作；将干净碗放回到右栈时，放入的位置正好是这堆碗的最上面，这可以看作是入栈操作。

本章主要介绍栈的基本概念、存储结构和运算。

**本章要点：**

- 栈的概念
- 栈的基本运算
- 栈的基本运算的顺序存储实现
- 栈的基本运算的链式存储实现

**本章难点：**

- 栈的链式存储结构实现

## 3.1 栈的定义及基本运算

栈是一种操作受限制的线性表，它具有典型的操作特点：后进先出。下面主要介绍栈的基本概念和基本运算。

### 3.1.1 栈的定义

栈（Stack）是一种特殊的线性表。其特殊性体现在：只允许在一端插入和删除。允许插入和删除的一端称为栈顶（Top），不允许插入和删除的一端称为栈底（Bottom）。若有栈 $S$，它的线性结构定义为 $S=(s_0, s_1, \cdots, s_{n-1})$，则 $s_0$ 称为栈底结点，$s_{n-1}$ 称为栈顶结点，结点 $s_{i+1}$ 在结点 $s_i$（$0 \leq i \leq n-1$）之上，如图 3.1 所示。

可以看出，若要将最早进入栈的结点取出，必须先将它之上的结点一个一个全部取出，这种特点称为后进先出，也是栈的基本特点。因此，栈又称为后进先出（Last In First Out，LIFO）线性表。

图 3.1 栈结构示意图

### 3.1.2　栈的基本运算

**1.　栈的初始化：InitStack(S)**

功能：创建栈 S 并将其初始化为空。

**2.　入栈：Push(S, x)**

功能：将元素 x 插入到栈 S 的栈顶中。

**3.　出栈：Pop(S,x)**

功能：删除栈 S 的栈顶元素，并将它的内容通过参数 x 返回。

**4.　获取栈顶元素：GetTop(S,x)**

功能：将栈 S 的栈顶元素通过参数 x 返回。

**5.　判断栈是否为空：StackEmpty(S)**

功能：判断栈 S 是否为空，若为空，函数返回真（1），否则，返回假（0）。

# 3.2　栈的顺序存储实现

前面介绍了栈的基本概念和基本运算。下面主要介绍栈的顺序存储结构，栈的基本运算在顺序栈下的实现，以及栈的应用——在程序设计语言中用栈来实现递归。

## 3.2.1　栈的顺序存储

栈的顺序存储结构称为顺序栈，顺序栈通常由一个一维数组 data 和一个记录栈顶位置的变量 top 组成。习惯上，将栈底放在下标小的一端。规定用 top 指针（此处指针指数组的下标）指向栈顶元素的前一个存储单元。

图 3.2 所示列举了顺序栈的状态。

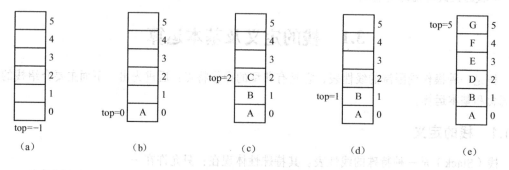

图 3.2　顺序栈的五种状态

图 3.2 中，顺序栈的五种状态如下：

（a）表示栈为空。此时 top= -1。若此时进行出栈操作，则会产生"下溢"。

（b）表示栈只含一个元素 A，在（a）的基础上进行入栈运算 Push(S,A)，可以得到这种状态。此时 top=0。

（c）表示在（b）基础上有两个元素 B，C 入栈，此时 top=2。

（d）表示在（c）的状态下，执行了一次出栈 Pop(S)运算，此时 top=1。

（e）表示栈中有六个元素，即在（d）的状态下连续执行 Push(S,D)，Push(S,E)，Push(S,F)，
Push(S,G)得到。这种状态称为栈满。若此时进行入栈操作，则会产生"上溢"。

顺序栈数据结构类型描述如下：

```
#define  maxsize  100      /*顺序栈的容量*/
typedef  struct  sq
{ int  data[maxsize];
  int  top; } sqstack;
sqstack  *S;
```

在对栈进行基本操作时，必须注意以下几点：

① 为了使问题简单方便，假定栈中元素类型为整数。

② 栈 S 为空的条件是：S->top==-1。

  栈 S 为满的条件是：S->top==maxsize-1。

③ 栈空时，不能进行出栈运算，栈满时，不能进行入栈运算。

### 3.2.2 栈的基本运算在顺序栈上的实现

下面列出顺序栈的基本运算的实现过程。

#### 1. 初始化

```
void Initstack(sqstack *S)
{
  S->top=-1;
}
```

#### 2. 入栈

将数据元素 x 进入栈 S。

```
void Push(sqstack *S,int  x)
{
  if(S->top==maxsize-1)
    printf("overflow\n");
  else
  {
    S->top++;
    S->data[S->top]=x;
  }
}
```

#### 3. 出栈

删除栈 S 中栈顶元素，并用函数参数 x 返回。

```
void  Pop(sqstack *S,int *x)
{
  if(S->top==-1)
    printf("underflow\n");
  else
  {
    *x=S->data[S->top];
    S->top--;
  }
}
```

### 4. 判断栈是否为空

若栈 S 为空，则返回 1；否则，返回 0。

```
int StackEmpty(sqstack *S)
{
  if(S->top==-1)return(1);
  else return(0);
}
```

### 5. 取栈顶元素

取栈顶元素，若栈为空返回 0。

```
int GetTop(sqstack *S)
{
  if(S->top==-1)return(0);
  else  return(S->data[S->top]);
}
```

## 3.2.3　栈的应用

栈是一种适用范围广泛的数据结构，适用于各种具有"后进先出"特性的问题。这里着重讨论栈在递归中的应用。

递归是一个重要的概念，同时也是一个重要的程序设计方法。在定义一个过程或函数时出现调用本过程或本函数的现象，称为递归。若调用自身，则称为直接递归；若过程或函数 p 调用过程或函数 q，而 q 又调用 p，则称为间接递归。例如，求 $n!$ 的函数可递归定义如下：

$$n!=\begin{cases}1 & (n=0)\\ n\times(n-1)! & (n>0)\end{cases}$$

该问题的递归算法描述如下：

```
long f(int n)
{
  if(n==0)
     return(0);
  else
     return(n*f(n-1));
}
```

下面分析求 f(3)函数的递归调用的执行过程。用 r1、r2、r3 依次表示 f(1)、f(2)、f(3)调用过程中的返回地址。图 3.3（b）所示为图 3.3（a）相应的工作栈状态变化过程。

（a）f(3)的执行中递归调用返回次序

图 3.3　递归调用返回次序及相应工作栈变化示例

调用 f(2) 前　　　　调用 f(2) 后　　　　调用 f(1) 后　　　　调用 f(0) 后

返回到 f(1) 后　　　　返回到 f(2) 后　　　　返回到 f(3) 后

（b）相应工作栈状态变化

图 3.3　递归调用返回次序及相应工作栈变化示例（续）

## 3.3　栈的链式存储实现

栈的存储结构一般有两种，一种是顺序存储结构，另一种是链式存储结构。下面主要介绍栈的链式存储结构，以及在其上的基本运算的实现。

### 3.3.1　栈的链式存储

栈的链式存储称为链栈，其组织形式与单链表类似，链栈只能在链表头进行插入删除操作，因此，这里头指针就指向栈顶结点，如图 3.4 所示。

栈顶　　　　　　　　　　　　　　　　　栈底

图 3.4　链栈结构

链栈的类型及变量说明描述如下：

```
#define  NULL  0
#define  Len  sizeof(linkstack)
typedef  struct node
{
    int  data;
    struct  node  *next;
}linkstack;
linkstack *Ls;
```

Ls 是栈顶指针，它唯一决定一个链栈。当 Ls==NULL 时，该链栈为空。链栈中的结点是动态产生的，因此，在进行操作时可以不考虑"上溢"问题。

### 3.3.2　栈的基本运算在链栈上的实现

下面给出链栈的入栈与出栈算法。

### 1. 入链栈

将 x 插入链栈 Ls 中。

```
linkstack *Push(linkstack *Ls,int x)
{
    linkstack *p;
    p=(linkstack*)malloc(Len);
    p->data=x;
    p->next=Ls;
    Ls=p;
    return(Ls);
}
```

### 2. 出链栈

删除链栈 Ls 第一个结点，并用参数 x 返回其值。

```
Linkstack *Pop(linkstack *Ls,int *x)
{
    linkstack *p;
    if(Ls==NULL)
    {
        printf("overflow\n");
        return(NULL);
    }
    else
    {
        p=Ls;
        Ls=p->next;
        *x=p->data;
        free(p);
        return(Ls);
    }
}
```

# 3.4　经典应用实例

栈是一种适用范围广泛的数据结构，适用于各种具有"后进先出"特性的问题。下面主要介绍栈的两个经典的应用实例。第一个实例为数制转换，十进制转换成其他进制（二、八、十六进制）采用的是倒排序，这正好符合栈的特点后进先出。第二个实例为表达式求值，在求解过程中用到两个栈，分别用来存放运算符和操作数。

## 3.4.1　数制转换

### 1. 问题描述

在计算机中，信息的数值化表示可以用不同的进制，如十进制、十六进制和八进制等，这就涉及**数制转换（Number System Conversion）**问题。这里将介绍如何将一个正十进制整数转换成其他进制。设正十进制整数为 $X$，所要转换的进制为 $P$。

将一种进制的数据转换成另一种进制表示，具体转换方法为"$X$ 除以 $P$ 取余"，直到商为 0 为止，而且余数的排列顺序为倒排序："后进先出"，其中取余就是不断将余数入栈 S 的过程，而输出结果就是不断出栈 S 元素的过程。

### 2. 数据结构分析

该实例中，涉及的数据主要是一个用来存放结果的栈。具体描述如下：

```
#define MAXSIZE 100    /*栈的容量*/
int S[MAXSIZE];        /*存放结果的栈*/
int top=-1;            /*栈顶*/
```

该数据结构存储示意图如图 3.5 所示。

### 3. 实体模拟

设 X 为 126，P 为 2，即将十进制数 126 转换为二进制数。

根据已经介绍的转换方法，转换的过程如下：

| n | X | X/2（整除） | N%2（求余） |
|---|---|---|---|
| 第 0 次： | 126 | 63 | 0 |
| 第 1 次： | 63 | 31 | 1 |
| 第 2 次： | 31 | 15 | 1 |
| 第 3 次： | 15 | 7 | 1 |
| 第 4 次： | 7 | 3 | 1 |
| 第 5 次： | 3 | 1 | 1 |
| 第 6 次： | 1 | 0 | 1 |

每次计算余数时，栈顶指针 top=top+1，然后将该得到的余数进栈 s[top]=余数。转换结束后栈的状态及栈内的元素如图 3.6 所示。

图 3.5　数据结构存储示意图　　　　图 3.6　栈的状态及栈内元素

最后，将栈中的元素依次取出（即出栈），可以得到出栈的结果为 1111110，这就是十进制数 126 转换为二进制数的结果。

### 4. 算法实现

```
#include "stdio.h"
#define MAXSIZE 100
void change(int x,int p)
{
    int S[MAXSIZE],top=-1;        /*S 为栈，top 为栈顶*/
    while(x)                      /*只要 x 非零，x 除以 p 的余数入栈，再改变 x 的值*/
    {
```

```
            top++;
            S[top]=x%p;
            x=x/p;
        }
        while(top!=-1)                    /*只要栈不空，就出栈*/
        {
            if(S[top]<=9)
                printf("%c,",48+S[top]);
            else
                printf("%c,",55+S[top]);
            top--;
        }
        printf("\n");
    }
```

**5. 源程序及运行结果**

源程序代码：

```
    /*此处插入 4 中的算法*/
    int main()
    {
        int a,b;
        printf("请输入正整数: ");
        scanf("%d",&a);
        printf("请输入进制数:");
        scanf("%d",&b);
        change(a,b);
        return 0;
    }
```

运行结果如图 3.7 所示。

图 3.7    数制转换问题运行结果

## 3.4.2    表达式求值

**1. 问题描述**

算术表达式通常是由操作数、算术运算符和圆括号"（"和"）"组成。在日常生活中，二目算术运算符都是放在操作数中间，这种算术表达式称为中缀表达式，如 X+Y，X*Y-Z 等。

由于每个运算符的优先级别不同，对于给定的中缀表达式，并不总是按运算符出现的次序从左到右执行运算。对于两个相邻的两个运算符，若优先级别相同，那么一般从左到右依次执行；若优先级别不同，那么先执行级别高的运算符，然后执行优先级别低的运算符。在计算机处理这种中缀表达式求值时，就比较麻烦，因此，计算机中引入了另一种表达式——后缀表达式，即运算符放在两个操作数之后，如 XY-，XY*Z-等。

给出一个算术表达式，计算算术表达式的值，这类问题就是**表达式求值（Expression Evaluator）问题**。

### 2. 数据结构分析

在计算机处理表达式求值时，首先需要将中缀表达式转换成后缀表达式，因此，涉及的主要数据是存储不同类型表达式。为了运算方便，存放中缀表达式和后缀表达式采用数组结构，后缀表达式求值时采用链式存储结构。

具体描述如下：

（1）中缀表达式和后缀表达式采用的数据结构

```
#define MAXN 50
char stack[MAXN];                          /*运算符栈*/
char midorder[MAXN],postorder[MAXN];       /*分别为存放中缀表达式和后缀表达式的数组*/
```

（2）后缀表达式求值采用的数据结构

```
struct s_node                   /*声明栈的链式结构*/
{
  int data;                     /*堆栈数据*/
  struct s_node *next;          /*链接指针*/
};
typedef struct s_node s_list;   /*定义新类型列表*/
typedef s_list *link;           /*定义新类型列表指针*/
```

### 3. 实体模拟

（1）中缀表达式转换为后缀表达式

在转换过程中，从左向右扫描中缀表达式，同时利用一个栈用来存放操作符，当前扫描得到的对象有以下情况：

① 操作数：直接输出；

② 运算符，有以下三种情况：

- 左括号 "("，则直接入栈。
- 右括号 ")"，则输出栈中的运算符，直到取出左括号为止。
- 非括号的运算符，则与栈顶的运算符的优先级进行比较：

其优先级大于栈顶运算符，则直接入栈。

其优先级小于等于栈顶运算符，则取出栈顶运算符。

③ 当表达式扫描完成后，栈中尚有运算符，则依次取出运算符，直到栈空。

例如，a+b-(c-d)*e，转换为后缀表达式的步骤如下：

步骤 1：读 a，直接输出，得到的后缀表达式是 a。操作符栈的状态如图 3.8（a）所示。

步骤 2：读 "+"，入栈，得到的后缀表达式是 a。操作符栈的状态如图 3.8（b）所示。

步骤 3：读 b，直接输出，得到的后缀表达式是 ab。操作符栈的状态如图 3.8（c）所示。

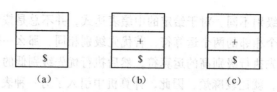

图 3.8    操作符栈的状态 1

步骤 4：读 "-"，"+"出栈 ，"-"入栈，得到的后缀表达式是 ab+。操作符栈的状态如图 3.9（a）所示。

步骤 5：读 "("，入栈，得到的后缀表达式是 ab+。操作符栈的状态如图 3.9（b）所示。

步骤 6：读 c，直接输出，得到的后缀表达式是 ab+c。操作符栈的状态如图 3.9（c）所示。

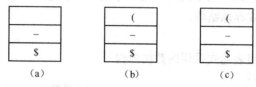

图 3.9    操作符栈的状态 2

步骤 7：读 "-"，入栈，得到的后缀表达式是 ab+c。操作符栈的状态如图 3.10（a）所示。

步骤 8：读 d，直接输出，ab+cd。操作符栈的状态如图 3.10（b）所示。

步骤 9：读 "）"，"-"出栈，"("出栈，得到的后缀表达式是 ab+cd-。操作符栈的状态如图 3.10（c）所示。

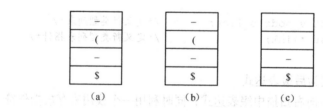

图 3.10    操作符栈的状态 3

步骤 10：读 "*"，"*"入栈，得到的后缀表达式是 ab+cd-。操作符栈的状态如图 3.11（a）所示。

步骤 11：读 e，直接输出，得到的后缀表达式是 ab+cd-e。操作符栈的状态如图 3.11（b）所示。

步骤 12：把栈中的运算符依次输出，得到的后缀表达式是 ab+cd-e*-。操作符栈的状态如图 3.11（c）所示。

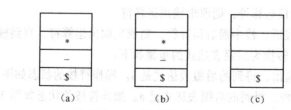

图 3.11    操作符栈的状态 4

（2）后缀表达式求解

求后缀表达式的值，首先建立一个操作数的栈，初始化为空，然后从左到右扫描后缀表达式，当前扫描到的对象有以下情况：

① 操作数：将其存入操作数栈中；

② 运算符：从操作数栈中取出栈顶的两个操作数进行计算，并且将计算结果存回栈中；

③ 当表达式读取完成后，将操作数栈的内容输出，即为后缀表达式的结果。

例如，后缀表达式 5 4＋3 2 −1＊−，求其值的步骤如下：

步骤1：扫描到操作数5，把操作数5入栈，操作数栈的状态如图3.12（a）所示。

步骤2：扫描到操作数4，把操作数4入栈，操作数栈的状态如图3.12（b）所示。

步骤3：扫描到运算符"＋"，取出栈顶元素5,4，进行运算把结果9入栈，操作数栈的状态如图3.12（c）所示。

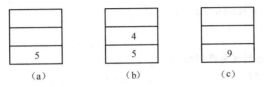

图3.12 操作数栈的状态 1

步骤4：扫描到操作数3，把操作数3入栈，操作数栈的状态如图3.13（a）所示。

步骤5：扫描到操作数2，把操作数2入栈，操作数栈的状态如图3.13（b）所示。

步骤6：扫描到运算符"−"，把栈顶的两个元素3，2取出，进行运算把运算结果1入栈，操作数栈的状态如图3.13（c）所示。

图3.13 操作数栈的状态 2

步骤7：扫描到操作数1，把操作数1入栈，操作数栈的状态如图3.14（a）所示。

步骤8：扫描到运算符"＊"，把栈顶两个元素1，1，取出，进行运算把运算结果1入栈，操作数栈的状态如图3.14（b）所示。

步骤9：扫描到运算符"−"，把栈顶元素9，1取出，进行运算把结果8入栈，操作数栈的状态如图3.14（c）所示。

图3.14 操作数栈的状态 3

步骤10：后缀表达式扫描完成，栈中的结果8即为表达式的值。

### 4. 算法实现

（1）中缀表达式转换后缀表达式算法

```c
#include "stdlib.h"
#include "stdio.h"
#include <ctype.h>
#define MAXN 50
/*求当前扫描的字符 c 的优先级*/
int icp(char c)
{
  switch(c)
  {
    case '*':
    case '/': return 2;
    case '+':
    case '-': return 1;
  }
}
/*求得栈中字符 c 的优先级别*/
int isp(char c)
{
 switch (c)
 {
    case '*':
    case '/': return 2;
    case '+':
    case '-': return 1;
    case '(': return 0;
    case '$':return -1;
 }
}
/*中缀表达式转后缀表达式*/
int mid_to_pos(char mid_e[],char pos_e[])
{
  char stack[MAXN],c;
  int top,i,j;
  /*字符'$',放在栈底,它的优先级别最低位-1,这样让其他运算符包括'('进栈*/
  stack[0]='$';
  top=0;
  j=0;
  i=0;
  c=mid_e[0];
  while(c!='\0')
  {
    if(isdigit(c)) /*为了处理方便,这里要求输入的都为数字字符*/
      pos_e[j++]=c;
    else
    switch(c)
    {
      case'+':
      case'-':
```

```
        case'*':
        case'/':
        /*当前扫描的运算符优先级小于等于栈顶运算符，则取出栈顶运算符*/
        while(icp(c)<=isp(stack[top]))
        pos_e[j++]=stack[top--];
        stack[++top]=c;              /*否则直接入栈*/
        break;
        case '(':          /*当前扫描的为左括号"("，则直接入栈*/
        stack[++top]=c;
        break;
        case ')': /*当前扫描的为右括号")"，则输出栈中的运算符，直到取出左括号为止*/
        while(stack[top]!='(')
        pos_e[j++]=stack[top--];
        top--;
        break;
        default:
          return 1;
      }
      c=mid_e[++i];
      }
      while(top>0)
      pos_e[j++]=stack[top--];
      pos_e[j]='\0';
      return 0;
}
```

（2）后缀表达式求解算法

```
    struct s_node                 /*声明栈的链式结构*/
    {
      int data;                   /*堆栈数据*/
      struct s_node *next;        /*链接指针*/
    };
    typedef struct s_node s_list; /*定义新类型列表*/
    typedef s_list *link;         /*定义新类型列表指针*/
    link operand=NULL;
    /*入栈操作*/
    link push(link stack,int value)
    {
      link newnode;
      newnode=(link)malloc(sizeof(s_list));
      if(!newnode)
      {
        printf("\n内存分配失败!");
        return NULL;
      }
      newnode->data=value;
      newnode->next=stack;        /*将新结点的指针域指针指向原栈顶结点*/
      stack=newnode;              /*栈顶指针指向新结点*/
      return stack;
    }
    /*出栈操作*/
```

```
        link pop(link stack ,int *value)
        {
          link top;
          if(stack!=NULL)
          {
            top=stack;                  /*top 指向栈顶元素*/
            stack=stack->next;          /*stack 指向原栈顶元素的下一个结点元素*/
            *value=top->data;           /*取出原栈顶元素值*/
            free(top);                  /*释放原栈顶结点空间*/
            return stack;               /*返回现在的栈顶指针*/
          }
        else
        *value=-1;
        }
        /*检查栈是否为空*/
        int empty(link stack)
        {
          if(stack==NULL)
            return 1;
          else
            return 0;
        }
        /*判断是否为运算符*/
        int is_operator(char op)
        {
          switch(op)
          {
            case'+':
            case'-':
            case'*':
            case'/':
            return 1;
            default:return 0;
          }
        }
        /*计算两个操作数的值*/
        int two_result(char op,int operand1,int operand2)
        {
          switch(op)
          {
            case'+':return(operand2+operand1);
            case'-':return(operand2-operand1);
            case'*':return(operand2*operand1);
            case'/':return(operand2/operand1);
          }
        }
```

## 5. 源程序及运行结果
源程序代码：
```
        /*此处插入 4 中的算法*/
        int main()
```

```
    {
      char midorder[MAXN],postorder[MAXN];
      int position=0;        /*扫描过程中表达式位置*/
      int operand1=0;        /*第 1 个操作数*/
      int operand2=0;        /*第 2 个操作数*/
      int evaluate;
        printf("请输入中缀表达式（操作数用数字字符表示）:");
        gets(midorder);
        mid_to_pos(midorder,postorder);
        printf("\n") ;
        printf("转换成的后缀表达式:");
        puts(postorder);
        while(postorder[position]!='\0'&&postorder[position]!='\n')
        {
          if(is_operator(postorder[position]))
          { operand=pop(operand,&operand1);
            operand=pop(operand,&operand2);
            operand=push(operand,two_result(postorder[position],operand1,operand2));
          }
          else
            operand=push(operand,postorder[position]-48);
            /*存放操作数需做 ASCII 码转换*/
            position++;
        }
        operand=pop(operand,&evaluate);
        printf("\n") ;
        printf("表达式[%s]的计算结果: %d",postorder,evaluate);
        printf("\n\n") ;
        return 0;
    }
```

运行结果如图 3.15 所示。

图 3.15　表达式求值问题运行结果

# 小　结

　　本章介绍了栈的数据结构，包括栈的基本概念和基本运算以及在顺序存储结构和链式存储结构下运算的实现算法。最后，通过数制转换问题和表达式求值问题，介绍了栈在实际生活中的应用。

# 知 识 巩 固

## 一、填空题

1. 栈是_____结构，对于栈只能在_____插入和删除元素。

2. 栈中元素的进出原则是_____。

3. 从供选择的答案中，选出应填入下面叙述中最确切的选项，把相应编号写在对应的括号内。

在进行进栈运算时，应先判别栈是否_____（1）_____；在进行退栈运算时，应先判别栈是否_____（2）_____。当栈中元素为 $n$ 个，进行进栈运算时发生上溢，则说明该栈的最大容量为_____（3）_____。

供选择的答案：

（1）① 空　　　② 满　　　③ 上溢　　　④ 下溢

（2）① 空　　　② 满　　　③ 上溢　　　④ 下溢

（3）① $n-1$　　② $n$　　③ $n+1$　　④ $n/2$

4. 设输入序列为 1、2、3，则经过栈的作用后可以得到_____种不同的输出序列。

5. 后缀算式 9 2 3 + - 10 2 / - 的值为_____。

6. 中缀算式 3+(4-2)/3 对应的后缀算式为_____。

7. 栈顶的位置是随着_____操作而变化的。

## 二、选择题

1. 一个栈的进栈序列是 a，b，c，d，e，则栈的不可能的输出序列是（　　　）。

　　A. edcba　　　B. decba　　　C. dceab　　　D. abcde

2. 若已知一个栈的进栈序列是 1，2，3，…，$n$，其输出序列为 $p_1$，$p_2$，$p_3$，…，$p_n$，若 $p_1=n$，则 $p_i$ 为（　　　）。

　　A. $i$　　　　B. $n-i$　　　C. $n-i+1$　　D. 不确定

3. 向一个栈顶指针为 h 的带头结点的链栈中插入指针 s 所指的结点时，应执行（　　　）操作。

　　A. h->next=s;　　　　　　　B. s->next=h;

　　C. s->next=h;h =s;　　　　　D. s->next=h->next;h->next=s;

4. 输入序列为 ABC，可以变为 CBA 时，经过的栈操作为（　　　）。

　　A. push, pop, push, pop, push, pop

　　B. push, push, push, pop, pop, pop

　　C. push, push, pop, pop, push, pop

　　D. push, pop, push, push, pop, pop

5. 设用链表作为栈的存储结构，则退栈操作（　　　）。

　　A. 必须判别栈是否为满　　　　B. 必须判别栈是否为空

　　C. 必须判别栈元素的类型　　　D. 对栈不须进行任何判别

6. 一个栈的输入序列为 1 2 3，则下列序列中不可能是栈的输出序列的是（　　　）。

　　A. 2 3 1　　　B. 3 2 1　　　C. 3 1 2　　　D. 1 2 3

7. 栈的插入和删除操作在（      ）进行。

    A．栈顶          B．栈底          C．任意位置       D．指定位置

8. 链栈与顺序栈相比，有一个比较明显的优点即（     ）。

    A．插入操作更方便            B．通常不会出现栈满的情况

    C．不会出现栈空的情况          D．删除操作更方便

9. 中缀表达式 A-(B+C/D)*E 的后缀形式是（     ）

    A．AB-C+D/E*             B．ABC+D/-E*

    C．ABCD/E*+-            D．ABCD/+E*-

10. 假设顺序栈的定义为：

```
typedef struct {
selemtype *base;    /*栈底指针*/
selemtype *top;     /*栈顶指针*/
int stacksize;      /*当前已分配的存储空间,以元素为单位*/
}sqstack;
```

变量 st 的类型为 sqstack，则栈 st 为空的判断条件为（     ）。

    A．st.base == NULL          B．st.top == st.stacksize

    C．st.top-st.base>= st.stacksize     D．st.top == st.base

三、简答题

1. 假如有四个元素 A，B，C，D 依次入栈，试写出所有可能的出栈序列。

2. 请写出中缀表达式转后缀表达式的步骤。

3. 若栈采用顺序存储结构，则都存在"溢出"问题，请说明何谓"溢出"？

# 实 训 演 练

1. 利用栈，将一个单链表倒置存储。

2. 试设计一个算法判别一个字符串是否为"回文"。（所谓"回文"是指正读和反读都相同的字符序列，如"1234321"与"abccba"）。

3. 判断算术表达式中的三种括号（圆括号、方括号、花括号）是否正确匹配。

4. 从键盘上输入一批整数，然后按相反的次序打印出来。

5. 算术表达式由数字字母变量和加（+）、减（-）、乘（*）、除（\）运算符组成，编写一个函数把中缀表达式转换为后缀表达式。

# 第4章

## 队列

队列是一种操作受限的特殊线性表，在现实生活中，很多现象都具有队列的特点。例如，在电影院门口等待买票的一队人，在红灯前等待通行的一长串汽车等。在计算机语言中，队列有非常重要的用途，如在多用户分时操作系统中，等待访问磁盘驱动器的多个输入/输出（I/O）请求就可能是一个队列，等待在计算机中运行的作业也形成一个队列，计算机将按照作业和 I/O 请求到达的先后次序进行服务，也就是按先进先出的次序服务。

本章主要介绍队列的基本概念、存储结构和运算。

**本章要点：**

- 队列的概念
- 队列的基本运算
- 队列的基本运算的顺序存储实现
- 队列的基本运算的链式存储实现

**本章难点：**

- 队列的链式存储结构实现

# 4.1 队列的定义及基本运算

队列是一种操作受限制的线性表，它具有典型的操作特点：先进先出。下面主要介绍队列的定义和基本运算。

## 4.1.1 队列的定义

队列（Queue）是一种运算受限制的线性表，在这种线性表上，插入在表的一端进行，删除在表的另一端进行。队列中允许删除的一端称为队头（Front）；允许插入的一端称为队尾（Rear），如图 4.1 所示。

图 4.1　队列示意图

队列在现实生活中经常出现,如购物排队,新来的成员总是从队尾加入(即不允许"插队"),从队头离开(不允许中途离队),即先进队列的成员总是先离开队列。因此,队列亦称为先进先出(Fist In Fist Out,FIFO)线性表,简称为 FIFO 表。当队列中没有元素时,称为空队列。

### 4.1.2  队列的基本运算

1. 初始化队列:InitQuear(Q)

置队列 Q 为一个空队。

2. 判断队列是否为空 EmptyQuear(Q)

该函数是一个布尔函数,当 Q 为空时返回真(1),否则返回假(0)。

3. 入队:EnQuear(Q,x)

将元素 x 插入到队列 Q 的队尾。

4. 出队:DeQuear(Q)

删除队列 Q 的队头元素。

5. 取队头元素:Front(Q)

函数返回值为队头元素,队列中元素保持不变。

## 4.2  队列的顺序存储实现

前面介绍了队列的定义和基本运算。下面主要介绍队列在计算机中的顺序存储结构,在顺序存储下基本运算的实现,以及特殊的队列——循环队列。

### 4.2.1  队列的顺序存储

队列的顺序存储实现称为顺序队,它由一个一维数组和两个分别指向队头与队尾的变量组成,一维数组用于存储队列中元素,两个变量分别称为"队头指针"和"队尾指针"(这里的指针并非真正意义上的指针变量,实际上是数组的下标)。队尾指针指向队尾元素在数组中的存放位置,队头指针指向队头元素在数组中的前一个存放位置,如图 4.2 所示。

图 4.2  顺序队列示意图

顺序队列的类型及变量定义描述如下:

```
#define  Maxsize  100  /*队列的最大容量*/
typedef  struct  sq
{
 int  data[Maxsize];
 int  front,rear;
}sqquear;
sqquear  *Q;
```

### 4.2.2 队列的基本运算在顺序存储上的实现

顺序队列定义为一个结构类型，该类型变量有三个域：data，front，rear。其中：data 是一维数组，用来存储队列元素，front 与 rear 分别指向队列的队头和队尾，元素 x 入队操作可用以下语句：

```
Q->rear=Q->rear+1;Q->data[Q->rear]=x;
```

出队操作可用以下语句：

```
Q->front=Q->front+1;
```

进行其他操作时，队头和队尾变化如下：

① 空队：Q->front= -1;Q->rear= -1。

② A，B，C相继入队：Q->front= -1;Q->rear=2。

③ A，B 相继出队：Q->front=1;Q->rear=2。

④ E，F 相继入队：Q->front=1;Q->rear=4。

队列的入队与出队的队头、队尾指针变化如图 4.3 所示。

图 4.3　顺序队列运算的队头、队尾变化

使用这种方法进行操作时，有时会出现"假满"现象。如在图 4.3（d）的状态下，按照前面的方法认为该队不能再进行入队操作，因为队尾已无空闲位置，但实际上，队头有空闲区域可以使用。像这种情况称之为"假满"。为了充分利用存储空间，克服"假满"，通常可以采用以下两种办法：

① 出队操作后，将队列中剩余元素往前移一个位置。

② 将队列看成是一个循环队列，设数组首尾相连，Q->data[0]元素与 Q->data[maxsize-1]相邻，如图 4.4 所示。

图 4.4　循环队列示意图

### 4.2.3 循环队列

循环队列的入队操作语句如下：

```
Q->rear=(Q->rear+1) %Maxsize;
Q->data[Q->rear]=x;
```

循环队列出队操作语句如下：

```
Q->front=(Q->front+1) %Maxsize;
```

设循环队列的队头指针指向队头元素在数组实际位置的前一个位置,队尾指针指向队尾元素在数组中实际位置。为了简化判断,"牺牲"一个存储结点,即设队头指针指向的结点不用来存储队列元素。这样,当队尾指针"绕一圈"后赶上队头指针时,认为队满。因此,在循环队列中队满与队空的条件分别如下:

队满条件为:`(Q->rear+1)%Maxsize==Q->front`

队空条件为:`Q->front==Q->rear`

如图 4.5 所示,其中阴影部分为队列元素所占的空间。

（a）队满状态      （b）队空状态

图 4.5　循环队列队满、队空示意图

循环队列的基本运算有以下几种:

## 1. 循环队列的初始化

```
void  InitQuear(sqquear *Q)
{
  Q->front=0;
  Q->rear=0;
}
```

## 2. 入循环队列

```
void  EnQuear(sqquear *Q,int x)
{
    if((Q->rear+1) % Maxsize==Q->front)
     printf("ovearflow\n");
   else
    {Q->rear=(Q->rear+1) % Maxsize;
    Q->data[Q->rear]=x;}
}
```

## 3. 出循环队列

```
int DeQuear(sqquear *Q)
{ int x;
  if(Q->front==Q->rear)
    return(0);        /*返回 0 表示队列是空*/
  else
  {
   x=Q->data[(Q->front+1) % Maxsize];
   Q->front=(Q->front+1) % Maxsize;
   return(x);
```

```
        }
     }
```

**4. 取循环队列队首元素**

```
int  Front(sqquear *Q)
{
  if(Q->front==Q->rear)
    return(0);
  else
    return(Q->data[(Q->front+1)% Maxsize]);
}
```

**5. 判断循环队列是否为空（空返回 1，否则返回 0）**

```
int EmptyQuear(sqquear *Q)
{
  if(Q->front==Q->rear)
    return(1);
  else
    return(0);
}
```

# 4.3  队列的链式存储实现

队列的存储结构一般有两种，一种是顺序存储结构，另一种是链式存储结构。下面主要介绍队列的链式存储结构及其基本运算的实现。

## 4.3.1  队列的链式存储

队列的链式存储结构称为链队列，它是限制在表头删除和限制在表尾插入的单链表。如果单链表仅有头指针，则不便于在表尾进行插入操作，因此可增加一个指向队尾的尾指针，它指向链表上的最后一个结点。因此，一个链队列可由一个头指针与一个尾指针唯一地确定。

链队列数据结构类型描述如下：

```
#define NULL  0
#define Len sizeof(point)
typedef  struct  node
{
  int    data;
  struct node   *next;
}point;
typedef  struct  link
{
  point * front,*rear;
}linkquear;
linkquear  *Q;
```

为了运算方便，链队头附加一个表头结点，且表头结点的指针域指向队头元素结点。链队的示意图如图 4.6 所示。

（a）空链队　　　　　　　　　　　　　　　　　（b）非空链队

图 4.6　链队示意图

## 4.3.2　队列的基本运算在链式存储上的实现

在链队上，基本运算算法描述如下：

### 1. 初始化

```
void InitQuear(linkquear *Q)
{
  Q->front=(linkquear*) malloc(Len);
  Q->front->next=null;
  Q->rear=Q->front;
}
```

### 2. 入队

```
void EnQuear(linkquear *Q,int  x)
{
    point *p;
    p=(linkquear *)malloc(Len);
    p->data=x;
    Q->rear->next=p;
    Q->rear=p;
}
```

### 3. 出队

```
void DeQuear(linkquear *Q)
{
  point *p;
  if(Q->front==Q->rear)
   printf("quear empty!\n");
  else
   {p=Q->front->next;
    Q->front->next=p->next;
    if(Q->rear==p)Q->reat=Q->front;
    free(p);
   }
}
```

### 4. 取队头结点

```
int GetFront(linkquear *Q)
{
    if(Q->front==Q->rear)
     return(0);       /*返回 0 表示队列空*/
    else
```

```
            return( Q->front->next->data);
    }
```

**5. 判断链队是否为空**

```
int Emptyquear(linkquear *Q)
{
    if(Q->front==Q->rear)
        return(1);
    else
        return(0);
}
```

# 4.4　经典应用实例

队列是一种广泛应用的数据结构，凡是具有"先进先出"需要排队处理特性的问题，都可以使用队列来表示处理的数据。本节介绍两个经典实例：第一个实例为迷宫问题，采用了广度搜索算法实现；第二个实例为就诊问题，病人排队看病，医生根据排队的次序看病，采用先来先看的规则。

## 4.4.1　迷宫问题

### 1. 问题描述

迷宫实验是取自心理学的一个古典实验。在该实验中，把一只老鼠从一个无顶大盒子的门放入，在盒中设置了许多墙，对行进方向形成了多处阻挡。盒子仅有一个出口，在出口处放置一块奶酪，吸引老鼠在迷宫中寻找道路以到达出口。对同一只老鼠重复进行上述实验，一直到老鼠从入口到出口，而不走错一步。老鼠经多次试验终于得到它学习走迷宫的路线。这就是著名的迷宫问题（**Mazing Problem**）。

简单地说，迷宫问题就是在给定的迷宫中找出一条从入口到出口的路径。

### 2. 数据结构分析

用一个矩阵表示迷宫，用 0 表示迷宫可以通过，用 1 表示不能通过。为了方便处理，在迷宫四周填满 1，并且假设入口为 maze[1][1]，出口为 maze[m][n]，这里用宏定义定义，迷宫包括围墙的行 M 和列 N，通过计算可以得出出口地址为行下标为 M-2，列下标为 N-2。

```
#define  M  8
#define  N  10
int maze[M][N];
int m=M-2,n=N-2;
```

为了记录搜索过程中到达的位置和它的出发点，可以建立一个结构体数组队列，数组的每个元素包括三个域分别是 x，y，re，其中，x 是到达位置的行下标，y 是到达位置的列下标，pre 是它出发点的位置，即出发点在队列数组的位置。

```
typedef struct
{
    int x,y;
    int pre;
}sqtype;
sqtype sq[r];
```

```
int front=0,tail=-1;
```

通常从出发点对它的八个方向分别试探，当没有访问过，并且是可通路可到达的，就把这个方向的 (x，y，pre)进队列，这八个方向从正北方向开始按顺时针顺序编号分别为 0，1，2，3，4，5，6，7。这样，可用图 4.7 表示从迷宫位置(x,y)到各相邻位置的行和列的增量变化情况。

```
struct moved
{
  int a;
  int b;
}move[8];
```

| (x–1, y–1) ⑦ | (x–1, y) ⓪ | (x–1, y+1) ① |
|---|---|---|
| (x, y–1) ⑥ | (x, y) | (x, y+1) ② |
| (x+1, y–1) ⑤ | (x+1, y) ④ | (x+1, y+1) ③ |

图 4.7　位置（x,y）可能移动的方向

为了避免将已经到达过的位置作为新的位置到达而作重复移动，设置一个 mark 数组，其大小和 maze 一样，置 mark 每个元素为 0，表示 maze 的每个位置都没有到达，一旦到达 maze 的某个位置，则把 mark 的对应元素置为 1。

```
int mark[M][N];
```

### 3．实体模拟

将迷宫的入口点（1,1）作为第一个出发点，向四周八个方向搜索可通行的位置，并把它们分别入队列，使之形成新一层的出发点，然后对该层中的每个位置再分别对四周八个方向搜索可通行的位置，形成再下一层的出发点，如此进行下去，一直到迷宫的出口点（m,n）位置，若中途出现队空，说明没有出迷宫的路径。这种方法称为广度搜索算法。

设迷宫内不包括围墙的数据如图 4.8 所示。

搜索队列的元素（x，y，pre）（x，y，pre 分别为队列元素的行下标，列下标和出发点的位置，r 为队列中数组元素的下标）分别如图 4.9 所示。

```
0 1 0 1 1 0 1 1
1 0 0 1 1 0 1 0
0 1 1 0 0 1 1 1
1 0 0 1 1 0 0 1
1 1 0 0 1 1 0 1
0 1 1 1 0 0 0 0
```

图 4.8　迷宫数据

| r: | 0 | 1 | 2 | 3 | 4 | 5 | 6 | 7 | 8 | 9 | 10 | 11 | 12 | 13 | 14 | 15 | 16 | 17 |
|---|---|---|---|---|---|---|---|---|---|---|---|---|---|---|---|---|---|---|
| x: | 1 | 2 | 1 | 2 | 3 | 3 | 4 | 3 | 4 | 5 | 2 | 4 | 5 | 1 | 4 | 5 | 6 | 6 |
| y: | 1 | 2 | 3 | 3 | 1 | 4 | 2 | 5 | 3 | 3 | 6 | 6 | 4 | 6 | 7 | 7 | 5 | 8 |
| pre: | –1 | 0 | 1 | 1 | 1 | 3 | 4 | 5 | 5 | 6 | 7 | 7 | 8 | 10 | 11 | 11 | 12 | 15 |

图 4.9　搜索队列的状态变化

根据搜索队列中的 pre 变化情况，可以得出输出的路径为：

(1，1)->(2，2)->(2，3)->(3，4)->(3，5)->(4，6)->(5，7)->(6，8)

### 4．算法实现

```
#define R 48
```

```
#define M  8
#define N  10
#include "stdio.h"
int m=M-2,n=N-2;
  typedef struct
  {
    int x;
    int y;
    int pre;
  }sqtype;
  sqtype sq[R];
  int front=0,tail=-1;
struct moved
{
  int a;
  int b;
  }move[8];
  int maze[M][N];
void path(int maze[][N])
{
  int i,j,k,v,front,rear,x,y;
  int mark[M][N];
  for(i=0;i<M;i++)                    /*置 mark 数组中的每个元素为 0*/
    for(j=0;j<N;j++)
      mark[i][j]=0;
  /*给出八个方向的行增量和列增量*/
  move[0].a=-1;move[0].b=0;
  move[1].a=-1;move[1].b=1;
  move[2].a=0; move[2].b=1;
  move[3].a=1; move[3].b=1;
  move[4].a=1; move[4].b=0;
  move[5].a=1; move[5].b=-1;
  move[6].a=0; move[6].b=-1;
  move[7].a=-1;move[7].b=-1;
/*把入口元素进队列，pre 为它出发点在数组中的下标，这里为入口元素，前面没有出发点因
此把它赋值为-1*/
  sq[0].x=1;
  sq[0].y=1;
  sq[0].pre=-1;
  front=0;
  rear=0;
  mark[1][1]=1;
while(front<=rear)                    /*队列不为空时循环*/
{
  x=sq[front].x;       /*x,y 分别赋值为出发点的坐标，front 为出发点的位置*/
  y=sq[front].y;
  for(v=0;v<8;v++)                     /*从出发点的八个方向分别试探*/
  {
    i=x+move[v].a;
    j=y+move[v].b;
```

```
                /*当该元素是可到达的，并且没有访问过，进队*/
                if(maze[i][j]==0&&mark[i][j]==0)
            {
                rear++;
                sq[rear].x=i;
                sq[rear].y=j;
                sq[rear].pre=front;
                mark[i][j]=1;
            }
                if(i==m&&j==n)                        /*当到达出口地址时，输出路径*/
            {
                printf("\n走出迷宫的路径为:\n");
                k=rear;
                while(k!=-1)
                {
                    if(k==0)
                    {
                        printf("(%d,%d)",sq[k].x,sq[k].y);
                        k=sq[k].pre;
                    }
                    else
                    {
                        printf("(%d,%d)<-",sq[k].x,sq[k].y);
                        k=sq[k].pre;
                    }
                }
            printf("\n");
                return;
            }
            }
        front++;
        }
    printf("这里没有路径!\n");
    printf("\n");
    return;
    }
```

## 5. 源程序及运行结果

源程序代码:
```
    /*此处插入 4 中的算法*/
    int main()
    {
        int i,j;
        for(i=0;i<10;i++)                    /*最外两行赋值为 1*/
        {
            maze[0][i]=1;
            maze[7][i]=1;
        }
        for(i=0;i<8;i++)                     /*最外两列赋值为 1*/
        {
```

```
        maze[i][0]=1;
        maze[i][9]=1;
    }
    printf("请输入相应数值: \n");
    for(i=1;i<7;i++)                    /*给迷宫内（不包括围墙）的元素赋值*/
    for(j=1;j<9;j++)
        scanf("%d",&maze[i][j]);
    printf("\n");
  printf("输出的整个迷宫图: \n");
    for(i=0;i<8;i++)                    /*输出迷宫内的所有元素的值，包括最外层的围墙*/
    {
    for(j=0;j<10;j++)
        printf("%d ",maze[i][j]);
        printf("\n");
    }
    path(maze);                         /*调用求路径函数*/
    return 0;
    }
```

运行结果如图 4.10 所示。

图 4.10　迷宫问题运行结果

## 4.4.2　模拟就诊过程

### 1. 问题描述

患者在到达医院看病过程中，主要会遇到以下事情：

① 排队。病人到达就诊室，将病历交给护士，护士输入排队病人的病历号，先检查将要排队病人的病历号是否已经在等候队列中，若在，则病历号重复，不能完成排队功能，需重新输入；若不在，将其入队排到等待队列中。

② 就诊。护士从等待队列中取出队列中最前面的病人就诊，并将其从队列中删除。

③ 查看排队。从队首到队尾列出所有的排队病人的病历号。

④ 下班。退出运行。

此问题中，患者排队称为入队操作，就诊称为出队操作。利用队列"先进先出"的特点模拟患者到医院看病的全过程。

### 2. 数据结构分析

（1）链队结点的类型定义

```
typedef struct qnode
{
    int data;
    struct qnode *next;
} QNode;
```

（2）带表头结点的队列链式结构初始状态定义

带表头结点的队列链式结构初始状态定义如图 4.11 所示。

图 4.11　链队的整体结构

### 3. 实体模拟

设有编号为 1、2、3 的三个患者依次排队，然后依次就诊的过程如图 4.12 所示。

图 4.12　就诊过程

### 4. 算法实现

```c
#include <stdio.h>
#include <stdlib.h>
typedef struct qnode
{
  int data;
  struct qnode *next;
}QNode;                      /*链队结点类型*/
typedef struct
{
    QNode *front,*rear;
}QuType;                     /*链队类型*/

void seeDoctor()
{
    /*flag的初始值为1，下班退出系统，则将其置为0，从而结束*/
    int sel,flag=1,find,no;
    QuType *qu;
    QNode *p ,*head;
    qu=(QuType*)malloc(sizeof(QuType));        /*创建队列*/
    head=(QNode*)malloc(sizeof(QNode));        /*创建头结点*/
    qu->front=head;
    qu->rear=head;
    qu->front->next=NULL;                      /*队列为空*/
    while(flag==1)                             /*循环执行*/
    { printf("\n\t1:排队\n\t 2:就诊\n\t 3:查看排队\n\t 4:下班 (余下排队病人
明天就医)\n 请选择序号:");
      scanf("%d",&sel);
      switch(sel)
      { case 1: printf("请输入病人编号: ");
            do
            {
                scanf("%d",&no);
                find=0;
                p=qu->front;
                while(p!=NULL&&!find)
                {
                    if(p->data==no)
                        find=1;
                    else
                        p=p->next;
                }
                if(find)
                    printf("输入的病人编号重复,请重新输入:");
            }while(find==1);      /*直到输入一个不在队列中的病号才结束循环环*/
```

```
            p=(QNode*)malloc(sizeof(QNode));        /*创建结点*/
            p->data=no;p->next=NULL;
            qu->rear->next=p;qu->rear=p;            /*将*p 结点入队*/
            break;
    case 2:  if (qu->front->next==NULL)              /*队空*/
                 printf("没有排队的病人!\n");
              else                                    /*队不空*/
              {
                  p=qu->front->next;
                  printf("编号为%d 的病人就诊\n",p->data);
                  qu->front->next=p->next;
                  if(qu->rear==p)  qu->rear=head;
                  free(p);
              }
              break;
    case 3:if(qu->front->next==NULL)                 /*队空*/
                 printf("没有排队的病人!\n");
              else {                                  /*队不空*/
               p=qu->front->next;
               printf("排队病人为:");
               while(p!=NULL)
               { printf("%d ",p->data);
               p=p->next;}
               printf("\n");
               }
           break;
    case 4:if(qu->front->next!=NULL)                 /*队不空*/
                 printf("请排队的病人明天就医!\n");
              flag=0;                                 /*退出*/
              break;
     }
    }
   }
```

## 5. 源程序及运行结果

源程序代码:

```
/*此处插入 4 中的算法*/
int main()
{
    seeDoctor();
    return 0;
}
```

运行结果如图 4.13 所示。

（a）模拟排队过程　　　　　（b）模拟就诊过程　　　　　（c）模拟就诊其他过程

图 4.13　模拟就诊过程问题运行结果

# 小　结

本章介绍了队列数据结构。主要介绍了队列的定义和基本运算，以及在两种存储结构下运算的实现算法。最后，通过迷宫问题和模拟就诊过程问题，介绍了队列在实际生活中的应用。

# 知 识 巩 固

**一、填空题**

1. 队列只能在_____插入和_____删除元素。

2. 队列中元素的进出原则是_____。

3. 从供选择的答案中，选出应填入下面叙述中的最确切的解答，把相应编号写在相应的空格内。

设有四个数据元素 a1、a2、a3 和 a4，对它们分别进行栈操作或队操作。在进栈或进队操作时，按 a1、a2、a3、a4 次序每次进入一个元素。假设栈或队的初始状态都为空。现要进行的栈操作是进栈两次，出栈一次，再进栈两次，出栈一次；这时，第一次出栈得到的元素是_____（1）_____，第二次出栈得到的元素是_____（2）_____；类似地，考虑对这四个数据元素进行的队操作是进队两次，出队一次，再进队两次，出队一次；这时，第一次出队得到的元素是_____（3）_____，第二次出队得到的元素是_____（4）_____。经操作后，最后在栈中或队中的元素还有_____（5）_____个。

供选择的答案：

（1）① a1　② a2　　③ a3　　④ a4

（2）① a1　② a2　　③ a3　　④ a4

（3）① a1　② a2　　③ a3　　④ a4

（4）① a1　② a2　　③ a3　　④ a4

（5）①1　②2　③3　④0

4．从循环队列中删除一个元素时，队头指针指向队头元素在数组实际位置的前一位置，队尾指针指向队尾元素在数组中实际位置。其操作是先_____，后_____。

## 二、选择题

1．栈和队列的共同点是（　　　　）。

A．都是先进后出

B．都是先进先出

C．只允许在端点处插入和删除元素

D．没有共同点

2．队列的"先进先出"特性是指（　　　　）。

A．最早插入队列中的元素总是最后被删除

B．当同时进行插入、删除操作时，总是插入操作优先

C．每当有删除操作时，总是要先做一次插入操作

D．每次从队列中删除的总是最早插入的元素

3．以下（　　　　）不是队列的基本运算。

A．从队尾插入一个新元素　　　　　　　B．从队列中删除第 i 个元素

C．判断一个队列是否为空　　　　　　　D．读取队头元素的值

4．一个队列的入队序列是 1，2，3，4，则队列的输出序列是（　　　　）。

A．4，3，2，1　　　　　　　　　　　　B．1，2，3，4

C．1，4，3，2　　　　　　　　　　　　D．3，2，4，1

5．对于循环队列（　　　　）。

A．无法判断队列是否为空　　　　　　　B．无法判断队列是否为满

C．队列不可能满　　　　　　　　　　　D．以上说法都不对

6．若用一个大小为 6 的数组实现循环队列，且当前 front 和 rear 的值分别为 3 和 0，当从队列中删除一个元素，再加入两个元素后，front 和 rear 的值分别为（　　　　）。

A．1 和 5　　　　　B．2 和 4　　　　　C．4 和 2　　　　　D．5 和 1

7．设顺序循环队列 Q[M]的头指针和尾指针分别为 F 和 R，头指针 F 总是指向队头元素的前一位置，尾指针 R 总是指向队尾元素的当前位置，则该循环队列中的元素个数为（　　　　）。

A．R-F　　　　　　　　　　　　　　　B．F-R

C．(R-F+M)%M　　　　　　　　　　　D．(F-R+M)%M

8．循环队列 A[0…m-1]存放其元素，用 front 和 rear 分别表示队头和队尾，则循环队列满的条件是（　　　　）。

A．(Q.rear+1)%m==Q.front　　　　　　B．Q.rear==Q.front+1

C．Q.rear+1==Q.front　　　　　　　　D．Q.rear==Q.front

9．解决计算机主机和打印机之间速度不匹配问题时通常设置一个打印数据缓冲区，主机将要输出的数据依次写入该缓冲区，而打印机则从该缓冲区中取出数据打印。该缓冲区应该是一个（　　　　）结构。

A．栈　　　　　　　B．队列　　　　　　C．线性表　　　　　D．数组

### 三、简答题

1. 说明线性表、栈与队的异同点。

2. 设循环队列的顺序存储类型及变量定义如下：

```
#define max 100    /*队列的容量*/
typedef struct sq
{ int data[max];
    int rear,len;
}sqquear;
sqquear *Q;
```

试写出队空与队满条件，入队与出队算法。

3. 有人说，采用循环链表作为存储结构的队列就是循环队列，你认为这种说法正确吗？说明你的理由。

4. 设循环队列的容量为 40（序号从 0 到 39），现经过一系列的入队和出队运算后，有 ① front=11，rear=19；② front=19，rear=11；问在这两种情况下，循环队列中各有元素多少个？

# 实 训 演 练

1. 假设有一个顺序存储的循环队列，试编一个算法，计算该队列中所含有的元素个数。

2. 背包问题。假设有 $n$ 件质量为 $w_1$，$w_2$，$\cdots$，$w_n$ 的物品和一个最多能装载总质量为 $T$ 的背包，能否从这 $n$ 件物品中选择若干件物品装入背包，使得被选物品的总质量恰好等于背包所能装载的最大质量，即 $w_{i1}+w_{i2}+\cdots+w_{ik}=T$？若能，则背包问题有解，否则无解。

3. 假设以带头结点的循环链表表示队列，并且只设一个指针指向队尾元素结点（注意不设头指针），试编写相应的初始化队列、入队列和出队列算法。

# 第 **5** 章

串

在计算机数据处理中，非数值数据处理的对象大部分表现为字符串数据。例如，一个结构体类型包括姓名、地址等成员，这些成员的类型一般都是以字符串形式处理。串是一种特殊的线性表，它的每个元素仅由一个字符组成。在文字编辑、信息检索等方面，字符串处理有着广泛的应用。

本章主要介绍串的基本概念和运算，以及串的存储结构和串的运算算法。

**本章重点：**
- 串的概念
- 串的存储结构
- 串的运算实现

**本章难点：**
- 串的运算实现

## 5.1 串的概念与操作

随着非数值处理的广泛应用，字符串已成为某些程序系统（如字符编辑、情报检索等系统）的处理对象。下面主要介绍字符串的基本概念和基本操作。

### 5.1.1 串的概念

字符串（简称为串，String）是以字符为数据元素进行处理的一种数据结构，它由若干字符组成，并用双引号引起。一般记作

$$S="a_0a_1\cdots a_{n-1}"。$$

其中，S 是串名，n 是串的长度。如果 n 为零，则称此串为空串（Empty String），它不包含任何字符。用双引号括起来的字符序列是串的值。$a_i$（$0 \leqslant i \leqslant n-1$）可以是字母、数字和其他字符，如"abc"、"23ab"、" "等。

字符串中包含的字符个数称为串的长度。仅由一个或多个空格组成的串称为空格串（Blank String）。一个串中的任意一个连续的子序列为该串的子串，子串的第一个字符在串中的位置称为子串在串中的起始位置。如字符串"124abc"和"ab"，串"124abc"由 6 个字符'1'、'2'、'4'、'a'、'b'、'c'组成，该串"124abc"的长度为 6。字符串"ab"是它的一个子串，它在"124ab"中的位置为 3。

串由一个个字符构成，但串与字符有着本质的区别。任何一个字符串都有一个结束标记'\0'，并且存储时结束标记也占一个存储单元。如"A"和'A'，前者为字符串，存储时占两个单元；后者为一个字符，存储时占一个存储单元。

在程序设计语言中，有两种串可供使用，一种为串常量，另一种为串变量。串常量具有固定的值，而串变量的值是可以改变的，和其他变量一样，必须用标识符命名串变量。如以下定义：

```
char *a,b[80];  /*a,b都是串变量*/
```

## 5.1.2　串的操作

串的基本操作有很多种，其中求串长、串赋值、连接操作、求子串和串比较五个操作是基本操作，不能用其他的操作合成，因此，通常将这五个基本操作称为最小操作集。设 s、s1、s2、r 在进行操作之前都是已定义的字符串变量或是某个字符串常量，i、t、len 是已定义的整型变量或是某个整型常量。下面介绍常用的操作及含义。

### 1.　求串长 StrLength(s)

操作：求出串 s 的长度。

### 2.　串赋值 StrAssign(s1,s2)

操作：将 s2 的串值赋值给 s1，s1 原来的值被覆盖掉。

### 3.　连接操作：StrConcat (s1,s2,s) 或 StrConcat (s1,s2)

操作：两个串的连接就是将一个串的串值紧接着放在另一个串的后面，连接成一个串。前者是产生新串 s，s1 和 s2 不改变；后者是在 s1 的后面连接 s2 的串值，s1 改变，s2 不改变。

### 4.　求子串 SubStr (s,i,len)

操作：返回从串 s 的第 i 个字符开始的长度为 len 的子串。len=0 得到的是空串。在操作过程中，要求 1<=i<=StrLength(s)，0<=len<=StrLength(s)-i+1。

### 5.　串比较 StrCmp(s1,s2)

操作：若 s1==s2，操作返回值为 0；若 s1<s2，返回值<0；若 s1>s2，返回值>0。

### 6.　子串定位 StrIndex(s,t)

操作：找子串 t 在主串 s 中首次出现的位置。若 t 在 s 中，则操作返回 t 在 s 中首次出现的位置，否则返回错误。

### 7.　串插入 StrInsert(s,i,t)

操作：将串 t 插入到串 s 的第 i 个字符位置上，s 的串值发生改变。在操作过程中，要求 1<=i<=StrLength(s)+1。

### 8.　串删除 StrDelete(s,i,len)

操作：删除串 s 中从第 i 个字符开始的长度为 len 的子串，s 的串值改变。在操作过程中，要求 1<=i<=StrLength(s)，0<=len<=StrLength(s)-i+1。

### 9.　串替换 StrRep(s,t,r)

操作：用串 r 替换串 s 中出现的所有与串 t 相等的不重叠的子串，s 的串值改变。

### 5.1.3 malloc( )和 free( )函数

在串的操作和运算中，尤其在链式结构存储串时，经常需要为串先申请一段空间，C 语言是由 malloc( )和 free( )两个函数管理存储空间。malloc( )函数用来在堆中申请内存空间，free( )函数释放原先申请的内存空间。这两个函数在程序中调用，必须在程序开头使用库文件 # include <stdlib.h>。

#### 1. malloc( )函数

malloc( )函数是在内存的动态存储区中分配一段连续的存储空间。其参数是一个无符号整型数，返回一个指向所分配的连续存储域的起始地址的指针。当函数未能成功分配存储空间时（如内存不足），则返回一个 NULL 指针。函数原型如下：

```
void *malloc(long NumBytes)
```

该函数分配了 NumBytes 个字节，并返回了指向这块内存的指针。如果分配失败，则返回一个空指针（NULL）。

#### 2. free( )函数

由于内存区域总是有限的，不能无限制地分配下去，而且程序应尽量节省资源，因此，当分配的内存区域不再使用时应释放它，以便其他的变量或程序使用。free( )函数用于收回由 malloc( )函数申请的存储空间。函数原型如下：

```
void free(void  *FirstByte)
```

该函数是将之前用 malloc( )函数分配的空间还给程序或者操作系统，也就是释放这块内存，让它重新得到自由。

使用 free( )函数时，注意以下几点：

（1）调用 free( )函数释放内存后，不能再去访问被释放的内存空间。内存被释放后，很有可能该指针仍然指向该内存单元，但这块内存已经不再属于原来的应用程序，此时，指针为悬挂指针（可以赋值为 NULL）。

（2）不能两次释放相同的指针。释放内存空间后，该空间就交给了内存分配子程序，再次释放内存空间会导致错误。

（3）不能用 free( )函数释放不是由 malloc( )、calloc( )和 realloc( )函数创建的指针空间；在编程时，不能将指针进行自加操作，使其指向动态分配的内存空间中间的某个位置，然后直接释放，这样有可能引起错误。

（4）在进行 C 语言程序开发中，malloc( )/free( )是配套使用的，即不需要的内存空间都需要释放回收。

例 5.1：malloc( )函数和 free( )函数实例。

```
int *p1,*p2;
p1=(int *)malloc(10*sizeof(int));
p2=p1;
…
free(p2);        /*或者 free(p1)*/
p1=NULL;         /*或者 p2=NULL*/
```

malloc( )函数返回值赋给 p1，又把 p1 的值赋给 p2，因此，p1，p2 都可作为 free( )函数的参数。

# 5.2 串的顺序存储结构与运算

串的存储结构常见的有顺序存储和链式存储，除此之外，还有索引存储和堆分配存储等。串的顺序存储结构与线性表的顺序存储结构类似，用一组连续的存储单元依次存储串中的字符序列。下面主要介绍串的顺序存储结构及在顺序存储结构下串的操作实现。

## 5.2.1 串的顺序存储结构

采用顺序存储结构的串称为顺序串，又称定长顺序串。它是把组成该串的字符按照次序依次存放在一组地址连续的存储单元中，每个字符占用一个存储单元。一般用数组来表示顺序串。这种结构表示的串比较容易实现串的各种运算和操作，尤其是串的比较和复制。

设有字符串"aedfhi"，存放在数组 a[6]中，这个数组中的元素分别为字符'a'，'e'，'d'，'f'，'h'，'i'，在存储单元中的表示如图 5.1 所示。(每一格表示一个存储单元，引号不存储在此省略)

图 5.1 顺序串

## 5.2.2 串的基本运算及算法

在顺序存储结构中，串的基本运算如下：

1. **求串的长度 strlen()**
```
int strlen(char s[])
{
int i;
for(i=0;s[i]!='\0';i++)
return(i);
}
```

2. **串的连接 strcat()**
```
int strcat(char s1[],char s2[])
{
int i,j,k;
if((i=strlen(s1)+(j=strlen(s2)))>=MAXN)
return 0;
for(k=0;k<=j;k++)
s1[i+k]=s2[k];
return 1;
}
```

3. **求子串 strsub()**
```
int strsub(char s1[],char s2[],int i,int j)
{
int m,k;
if(i<0||i>=(m=strlen(s1)))
return 0;
```

```
if(j<0||i+j>m)
return 0;
for(k=0;k<j;k++)
s2[k]=s1[i+k];
return 1;
}
```

### 4. 串的比较 strequ( )

```
int strequ(char s1[],char s2[])
{
int i;
for(i=0;i<strlen(s1)&&i<strlen(s2);i++)
if(s1[i]!=s2[i]) return (s1[i]-s2[i]);
return(s1[i]-s2[i]);
}
```

### 5. 插入子串 strins( )

```
int strins(char s1[],char s2[],int i)
{
int m,n,k;
if(i<0||i>(m=strlen(s1))||m+(n=strlen(s2))>MAXN)
return 0;
for(k=m;k>=i;k--)
s1[k+n]=s1[k];
for(k=0;k<n;k++)
s1[i+k]=s2[k];
return 1;
}
```

### 6. 删除子串 strdel( )

```
int strdel(char s[],int i,int j)
{
int m,k;
if(i<0||i>=(m=strlen(s)))
 return 0;
if(i+j>=m) s[i]='\0';
else
 for(k=0;k<=m-i-j;k++)
  s[i+k]=s[i+j+k];
return 1;
}
```

## 5.2.3 常用的字符串处理函数

C 语言提供了非常丰富的串处理函数,这些库函数中涉及的串一般都采用顺序存储结构,且可以供用户直接调用。当程序中有相应的功能需要实现时,可以调用串处理函数,这样可以缩短源程序的长度。调用串处理函数,需要在程序开头写上预处理命令#include <string.h>。下面具体介绍常用的字符串处理函数。

### 1. strcpy( )函数

该函数的功能是实现字符串间的赋值和复制,格式为 strcpy($s_1$, $s_2$),即把串 $s_2$ 的值复制给

串 $s_1$，其中 $s_1$，$s_2$ 分别用来表示存放字符串的数组名或指向字符串的指针。若需要复制 $s_2$ 中的 $n$ 个字符到 $s_1$，则可以使用函数 strncpy( )，格式为 strncpy($s_1$，$s_2$，n)，$s_1$，$s_2$ 表示的含义与前面一样，$n$ 表示要复制的字符个数。函数返回值为第一个串的起始位置。设有 $s_1$="abcdef"，$s_2$="12345i"，则执行完 strcpy($s_1$，$s_2$)后，$s_1$="12345i"。

### 2. strlen( )函数

该函数的功能是求串的长度，格式为 strlen(s)，即求串 s 的长度，其中 s 用来表示存放字符串的数组名或指向字符串的指针。函数返回值为该串中第一个结束标记前的字符个数。设有 s="abcdef"，则执行完 strlen(s)后，结果为 6。如果 s="123\045i"，则执行完 strlen(s)后，结果为 3。

### 3. strcmp( )函数

该函数的功能是实现两个字符串的比较，格式为 strcmp($s_1$，$s_2$)，即比较串 $s_1$ 和串 $s_2$ 的大小，其中 $s_1$，$s_2$ 分别用来表示存放字符串的数组名或指向字符串的指针。一般要求两个参与比较的字符串的个数相等。

该函数执行过程是依次比较对应的字符，直到遇到第一个不相等的字符结束。函数返回值是第一个不相等的字符所对应的 ASCII 码的差值。若 $s_1$ 与 $s_2$ 中的字符依次对应相等，则函数返回值为零，表示 $s_1$ 等于 $s_2$；若差值大于 0，则表示 $s_1$ 大于 $s_2$；若差值小于 0，则表示 $s_1$ 小于 $s_2$：

$$\text{strcmp}(s_1，s_2) \begin{cases} >0 & （表示 s_1 大于 s_2） \\ =0 & （表示 s_1 等于 s_2） \\ <0 & （表示 s_1 小于 s_2） \end{cases}$$

若要比较两个字符串的前 $n$ 个字符是否相等，则使用函数 strncmp( )，格式为 strncmp($s_1$，$s_2$，n)，$s_1$、$s_2$、$n$ 的含义和比较过程以及函数返回值同前。设有 $s_1$="abcdef"，$s_2$="abcdfe"，则执行完 strcmp($s_1$，$s_2$)后，结果为-1。因为第一个不等的字符'e'的 ASCII 码比'f'的小 1，所以结果为-1。

### 4. strcat( )函数

该函数的功能是实现两个串的连接，格式为 strcat($s_1$，$s_2$)，即把串 $s_2$ 连接到串 $s_1$ 的末尾，其中 $s_1$，$s_2$ 分别用来表示存放字符串的数组名或指向字符串的指针。如果需要把 $s_2$ 中的 $n$ 个字符连接到 $s_1$ 的末尾，则可以使用函数 strncat( )，格式为 strncat($s_1$，$s_2$，n)，$s_1$，$s_2$ 表示的含义与前面一样，$n$ 表示要连接的字符个数。函数返回值为第一个串的起始位置。设有 $s_1$="abcdef"，$s_2$="12345i"，则执行完 strcat($s_1$，$s_2$)后，$s_1$="abcdef12345i"。

### 5. strupr( )函数

该函数的功能是将串中所有小写字母转换为大写字母，格式为 strupr(s)，即把 s 中的所有小写字母转换为大写字母，其中 s 用来表示存放串的数组名或指向字符串的指针。函数返回值为串的起始位置。假设有 s="12abcDef"，则执行完 strupr(s)后，s="12ABCDEF"。

### 6. strlwr( )函数

该函数的功能是将串中所有大写字母转换为小写字母，格式为 strlwr(s)，即把 s 中的所有大写字母转换为小写字母，其中 s 用来表示存放串的数组名或指向字符串的指针。函数返回值为串的起始位置。设有 s="12aBcDef"，则执行完 strlwr(s)后，s="12abcdef"。

### 7. strchr( )函数

该函数的功能是查找一个字符第一次出现在串中的位置，格式为 strchr(s，ch)，即查找字符 ch 在串 s 中第一次出现的位置，其中 s 用来表示存放串的数组名或指向字符串的指针，ch 用来表示要查找的字符。函数返回值为字符第一次出现在串中的位置，如果不出现则返回空指针（NULL）。设有 s="12abacDef"，ch='a'，则执行完 strchr(s)后，结果为 2。

### 8. strstr()函数

该函数的功能是查找一个串第一次出现在另一个串中的位置，格式为 strstr(s₁, s₂)，即查找串 s₂ 第一次出现在串 s₁ 中的位置，其中 s₁，s₂ 分别用来表示存放串的数组名或指向串的指针。函数返回值为串 s₂ 第一次出现在串 s₁ 中的位置，如果不出现，则返回空指针（NULL）。设有 s₁="abcdef"，s₂="ab"，则执行完 strstr(s₁, s₂)后，结果为 0。

### 9. strrev()函数

该函数的功能是除结束标记外，将串中所有其他字符顺序颠倒过来，即实现字符串的逆序，格式为 strrev(s)，其中 s 用来表示存放串的数组名或指向串的指针。函数返回值为新串的起始位置。设有 s="12abcDef"，则执行完 strrev(s)后，s="feDcba21"。

## 5.3　串的链式存储结构与运算

顺序串在进行插入和删除操作时需要移动大量的字符。为了克服顺序串的不足，可以用单链表的方式存储串。链式存储结构便于插入和删除运算，占用存储量大而且操作复杂。下面主要介绍串的链式存储结构及在链式存储结构下串的操作实现。

### 5.3.1　串的链式存储结构

串的链式存储结构由结点组成。每个结点包含两个域：数据域和指针域。指针域存放下一个结点的地址，从而形成链式存储结构。采用链式存储结构的串称为链串。由于串的特殊性——每个元素只包含一个字符，因此，每个结点可以存放一个字符或多个字符。

设有字符串"aedfhI"，用链表来表示，其中一种情形如图 5.2 所示。在这个链表中，每个结点包含两个字符。因此，每个结点需要三个存储单元，最后一个存储单元存放该结点的下一个结点的地址，如结点（1）中的（2）就表示结点（2）的起始地址，即结点（1）指向结点（2），结点（2）中的（3）表示结点（3）的起始地址，即结点（2）指向（3），结点（3）为整个链表的结束，但它后面不存在结点，因此，第三个存储单元中的值为 NULL（NULL 表示空指针）。

（a）结点(1)　　　（b）结点(2)　　　（c）结点(3)

图 5.2　链串

链串的类型定义如下：

```
typedef struct lstring
{
  char  data;   /*存放字符*/
   struct  Lnode  * next;
}*lstring;
```

## 5.3.2 串的基本运算

采用链式存储结构，并且规定串数据域中只存放一个字符，类型定义如上，基本运算描述如下：

### 1. 求串长

```
int lengh(lstring *s)
{
    int i=0;
    lstring *p=s->next;
    while(p!=NULL)
    {i++;p=p->next;}
    return i;
}
```

### 2. 串连接

```
lstring *concat(lstring *&t,lstring *s1,lstring *s2)
{
    lstring *p=s1->next,*q,*r;
    t=(lstring *)malloc(sizeof(lstring));
    t->next=NULL;
    r=t;
    while(p!=NULL)
    {
        q=(lstring *)malloc(sizeof(lstring));
        q->data=p->data;
        q->next=NULL;
        r->next=q;
        r=q;
        p=p->next;
    }
    p=s2->next;
    while(p!=NULL)
    {
        q=(lstring *)malloc(sizeof(lstring));
        q->data=p->data;
        q->next=NULL;
        r->next=q;
        r=q;
        p=p->next;
    }
    return t;
}
```

### 3. 求子串

```
lstring *substr(lstring *s,int pos,int len)
{
    int k;
    lstring *str,*p=s->next,*q,*r;
    str=(lstring *)malloc(sizeof(lstring));
    str->next=NULL;
    r=str;
```

```
if(pos<=0||pos>length(s)||len<0||pos+len-1>length(s))
return str;
for(k=1;k<pos;k++)
p=p->next;
for(k=1;k<=len;k++)
{
q=(lstring *)malloc(sizeof(lstring));
q->data=p->data;
q->next=NULL;
r->next=q;
r=q;
}
return str;
}
```

### 4. 插入子串

```
lstring *insert(lstring *s,int pos,lstring *t)
{
 int k;
 lstring *p,*q;
 p=s;k=0;
 while(k<pos-1&&p!=NULL)
 {
 p=p->next;
 k++;
 }
 if(p==NULL)
 printf("pos 出错\n");
 else
 {
 q=t;
 while(q->next!=NULL)
 q=q->next;
 q->next=p->next;
 p->next=t;
 }
 return s;
}
```

### 5. 删除子串

```
lstring *strdelete(&s,pos,len)
{
    int k;
    lstring *p,*q,*r;
    p=s;q=p;k=0;
    while(p!=NULL&&k<pos-1)
    {
      q=p;
      p=p->next;
      k++;
    }
    if(p==NULL)
```

```
        printf("pos 出错 \n");
        else
        {
          k=l;
          while(k<len&&p!=NULL)
          {
            p=p->next;
            k++;
          }
          if(p==NULL)
          printf("pos 出错\n");
          else
          {
            r=q->next;
            q->next=p->next;
            p->next=NULL;
            p=r;
            while(r!=NULL)
            {
              p=r->next;
              free(r);
              r=p;
            }
          }
        }
      }
      return r;
    }
```

# 5.4　经典应用实例

　　串在实际计算机处理中的应用，如串的逆置、文本文件中的单词统计以及求串的子串等问题，都要考虑串的存储结构及串的运算。下面介绍其中的两个应用实例，一个是测试串基本操作的子系统，它将串的主要操作串联起来，通过这个例子可以进一步认识串操作的实现过程；另一个是字符串匹配，从母串中删除与子串相同的字符，通过这个例子熟悉字符串的模式匹配过程。

## 5.4.1　测试串的基本操作

### 1．问题描述

　　在该问题中，主要涉及串的一些基本操作，包括输入字符串、显示子串、连接子串、取出子串、插入子串、删除子串和比较串大小。除此之外，还介绍了如何求串长以及查找子串的操作。通过这些操作的测试，进一步认识这些操作的实现过程。

### 2．数据结构分析

　　字符串的存储结构主要有顺序存储结构和链式存储结构两种。在这个实例中，采用顺序存储结构对字符串进行描述。描述如下：

```
#define MAXN 100
typedef struct
```

```
    {
      char s[MAXN];
      int len;
    }str;
```

具体形式如下所示：

| s[0] | s[1] | s[2] | ... | s[i] | ... | s[MAXN-1] | len |
|------|------|------|-----|------|-----|-----------|-----|

### 3. 实体模拟

① 连接子串：设有两个字符串分别为 r1="abcdef", r2="xyz"，则进行串连接后得到的新串为"abcdefxyz"。

② 取出子串：设有字符串为 r3="abcdefxyz"，要求从第 1 个字符'a'开始连续取出三个字符，则进行取串操作后得到的新串为"abc"。

③ 插入子串：设有两个字符串分别为 r3="abcdefxyz", r4="rst"，要求将串 r4 插入到串 r3 的第一个字符前面，则进行插入串操作后得到的新串为"rstabcdefxyz"。

④ 删除子串：设有字符串为 r5="rstabcdefxyz"，要求从第四个字符'a'开始连续删除六个字符，则进行删除串操作后得到的新串为"rstxyz"。

⑤ 比较串大小：设有两个字符串分别为 r6="xyz", r7="rst"，要求比较串 r6 和串 r7 的大小，可以看出这两个串中的第一个字符分别是'x'和'r'，很显然'x'> 'r'，则进行比较串操作后得到的结果为"r6 串大"。

### 4. 算法实现

```c
#include "stdio.h"
#define MAXN 100
typedef struct
{
 char s[MAXN];
 int len;
}str;
/*连接串*/
void concatstr(str *tr1,str *tr2)
{
 int i;
 printf("\n\t\ttr1=%s    r2=%s\n",tr1->s,tr2->s);
 if(tr1->len+tr2->len>=MAXN)
   printf("\n\t\t 两个串太长，溢出！ ");
 else
 {  for(i=0;i<tr2->len;i++)
    tr1->s[tr1->len+i]=tr2->s[i];
    tr1->s[tr1->len+i]='\0';
    tr1->len=tr1->len+tr2->len;
 }
}
/*求子串*/
void substr(str *tr1,int i,int j)
{
```

```
        int k;
        str a;
        str *tr2=&a;
        if(i+j-1>tr1->len)
        {
            printf("\n\t\t 子串超界! \n ");
            return;
        }
        else
        {
          for(k=0;k<j;k++)
            tr2->s[k]=tr1->s[i+k-1];
          tr2->len=j;
          tr2->s[tr2->len]='\0';
        }
        printf("\n\t\t 取出字符为: ");
        puts(tr2->s);
    }
    /*串插入*/
    str *insstr(str *tr1,str *tr2,int i)
    {
      int k;
      if(i>=tr1->len||tr1->len+tr2->len>MAXN)
          printf("\n\t\t 不能插入! \n ");
      else
      {
        for(k=tr1->len-1;k>=i;k--)
            tr1->s[k+tr2->len]=tr1->s[k];
        for(k=0;k<tr2->len;k++)
            tr1->s[i+k]=tr2->s[k];
          tr1->len=tr1->len+tr2->len;
        tr1->s[tr1->len]='\0';
      }
    return tr1;
    }
    /*串删除*/
    void delstr(str *tr1,int i,int j)
    {
     int k;
     if(i+j-1>tr1->len)
       printf("\n\t\t 所要删除的子串超串! \n");
     else
     {
      for(k=i+j;k<tr1->len;k++,i++)
          tr1->s[i]=tr1->s[k];
      tr1->s[i]='\0';
     }
    }
```

```
/* 求串长*/
int lenstr(str *tr1)
{
 int i=0;
 while(tr1->s[i]!='\0')
     i++;
 return i;
}
/*创建串*/
str *createstr(str *tr1)
{
 gets(tr1->s);
 tr1->len=lenstr(tr1);
 return tr1;
}
 /*比较串*/
int equalstr(str *tr1,str *tr2)
{int i;
 for(i=0;tr1->s[i]&&tr2->s[i]&&tr1->s[i]==tr2->s[i];i++);
 return(tr1->s[i]-tr2->s[i]);
}
```

## 5. 源程序及运行结果

源程序代码:

```
/*此处插入 4 中的算法*/
int main()
{
str a,b,c,d;
str *r1=&a,*r2;
char choice,p;
int i,j,k,ch=1;
r1->s[0]='\0';
while(ch!=0)
{
 printf("\n");
 printf("\n\t\t\t      串子系统 ");
 printf("\n\t\t\t********************** ");
 printf("\n\t\t\t* 1-----输 入 字 串   *");
 printf("\n\t\t\t* 2-----显 示 字 串   *");
 printf("\n\t\t\t* 3-----连 接 字 串   *");
 printf("\n\t\t\t* 4-----取 出 子 串   *");
 printf("\n\t\t\t* 5-----插 入 子 串   *");
 printf("\n\t\t\t* 6-----删 除 子 串   *");
 printf("\n\t\t\t* 7-----比 较 串 大 小   *");
 printf("\n\t\t\t* 0-----返      回   *");
 printf("\n\t\t\t********************** ");
 printf("\n\t\t\t 请选择菜单号（0--7）: ");
 scanf("%c",&choice);
```

```
getchar();
switch(choice)
{
case '1':
 printf("\n\t\t 请输入一个字符串:");
 gets(r1->s);
 r1->len=lenstr(r1);
 break;
case '2':
 printf("\n\t\t 该串值为:");
 if(r1->s[0]=='\0')
   printf("空! \n");
 else
   puts(r1->s);
   break;
case '3':
 printf("\n\t\t 请输入所要连接的串:");
 r2=createstr(&b);
 concatstr(r1,r2);
 printf("\n\t\t 连接以后的新串值为: ");
 puts(r1->s);
 break;
case '4':
 printf("\n\t\t 请输入从第几个字符开始:");
 scanf("%d",&i);
 getchar();
 printf("\n\t\t 请输入取出的连续字符数 : ");
 scanf("%d",&j);
 getchar();
 substr(r1,i,j);
 break;
case '5':
 printf("\n\t\t 请输入在第几个字符前插入: ");
 scanf("%d",&i);
 getchar();
 printf("\n\t\t 请输入所要插入的字符串:");
 r2=createstr(&b);
 insstr(r1,r2,i-1);
 break;
case '6':
 printf("\n\t\t 请输入从第几个字符开始 : ");
 scanf("%d",&i);
 getchar();
 printf("\n\t\t 请输入删除的连续字符数:");
 scanf("%d",&j);
 getchar();
 delstr(r1,i-1,j);
```

```
    break;
case '7':
printf("\n\t\t 请输入第一个串:");
gets(c.s);
printf("\n\t\t 请输入第二个串:");
gets(d.s);
k=equalstr(&c,&d);
if(k>0)
 printf("\n\t\t 第一个串大!\n");
else if(k<0)
 printf("\n\t\t 第二个串大!\n");
else
 printf("\n\t\t 两个串一样大! \n");
break;
case '0':
 break;
default:
   printf("\n\t\t\t 请注意: 输入有误!\n");
   break;
  }
if(choice!='x'&&choice!='X')
{printf("\n\t\t 按回车键继续, 按任意键返回主菜单!");
 p=getchar();
 if(p!='\xA')
  {getchar();break;}
}
  }
 return 0;
  }
```

运行结果如图 5.3 所示。

图 5.3 测试串的基本操作问题运行结果

图5.3 测试串的基本操作问题运行结果（续）

图 5.3 测试串的基本操作问题运行结果（续）

### 5.4.2 模式匹配

#### 1. 问题描述

给定两个串 t1 和 t2，其中串 t2 是串 t1 的子串，要求从串 t1 中删除所有与它的子串 t2 相同的串。在这个问题中，关键过程就是从串 t1 中找到串 t2，删除串 t2，然后继续在串 t1 中的剩余部分查找串 t2，只要找到了这样的串就删除，依此类推，直到删除串中所有的 t2 为止。这个关键过程实质上就是一个模式匹配（Pattern Matching）或串匹配（String Matching）问题。

例如，设有字符串 sm="aedwhgiedxe"，tm="ed"（输入时字符串 sm 和 tm 中不包含'\0'）。第一次查找，得到子串 tm 在 sm 中的起始位置为 1，删除"ed"，删除后，串 sm 为"awhgiedxe"，然后，继续从串的'w'字符开始查找。第二次找到子串在 sm 中的起始位置为 5，删除"ed"后继续查找，直到结束。

#### 2. 数据结构分析

本问题中用到的字符串采用顺序存储结构。假设有以下定义：

    char  sm[]={"happyhappy"},tm[]={"ap"};

sm 及 tm 的存储结构分别如图 5.4 和图 5.5 所示。

图 5.4 sm 存储结构

图 5.5 tm 存储结构

#### 3. 实体模拟

为了描述问题方便，设有两个指示器 i 和 j，i 指向 sm 主串匹配过程中的字符位置，j 为删除子串 tm 的匹配过程中的字符位置。

匹配并删除子串的过程如下：

第一步：i=0，如图 5.6 所示。

图 5.6　第一步操作结果

第二步：当 i 指向的字符和 j 指向的字符不匹配时，i 就增加 1，直到 i 指向的某一个字符与 j 指向的字符匹配，如图 5.7 所示。

图 5.7　第二步操作结果

第三步：依次将 i 和 j 指向的字符进行比较，若相等，i 和 j 就增加 1，直到比较结束时，j 指向子串的字符为'\0'字符串结束标记时，说明匹配成功，此时进行删除子串操作，并填充'\0'，如图 5.8 所示。

图 5.8　第三步操作结果

第四步：重复上面第二、三步，直到主串扫描结束，如图 5.9 所示。

| h | \0 | \0 | p | y | h | \0 | \0 | p | y | \0 |

图 5.9　第四步操作结果

第五步：把主串中删除子串后剩余的字符输出，输出如下：

```
hpyhpy
```

4. 算法实现

```
/*函数的功能是删除子串*/
void deletechar(char *s, char *t)
{
  int i,k,j,start,final;
  i=0;
  while(s[i]!='\0')
```

```
  {
   j=0;
   while(*(t+j)!=*(s+i)&&*(s+i)!='\0')
    i++;
   k=i;
   while(*(t+j)==*(s+i)&&*(t+j)!='\0')
    {
     i++;
     j++;
    }
   if(*(t+j)=='\0')
    {
     final=i-1;
     for(start=k;start<=final;start++)
       s[start]='\0';
    }
  }
 }
```

## 5. 源程序及运行结果

源程序代码:

```
#include <string.h>
#include <stdio.h>
/*此处插入 4 中的算法*/
int main( )
{
 char  sm[]={"happyhappy"},tm[]={"ap"};    /*sm 表示母串, tm 表示子串*/
 int  len,i;                                /*表示母串的长度*/
 printf("请输入主串:");                     /*输入母串和要删除的子串*/
 scanf("%s",sm);
 printf("请输入要删除的子串: ");
 scanf("%s",tm);
 len=strlen(sm);                            /*求母串的长度*/
 deletechar(&sm[0],&tm[0]);                 /*调用函数删除所有的子串*/
 printf("删除子串后的主串为:");
 for(i=0;i<len;i++)                         /*输出删除所有子串后的新母串*/
   if(sm[i]!='\0')
     putchar(sm[i]);
 printf("\n");
 return 0;
 }
```

运行结果如图 5.10 所示。

图 5.10 模式匹配问题运行结果

# 小　结

　　字符串是一种特殊的数据，在程序中经常会遇到，因此，对于串的内容应该十分熟悉。在这一章里，介绍了字符串的基本概念与运算、存储结构和运算实现，重点是存储结构和相关的一些运算。在实际问题中，为了更有效地实现字符串的处理，可以根据需要选择合适的存储结构。在处理过程中，可以借助串的处理函数，缩短程序的长度，从而简化程序设计的过程。最后，通过测试串的基本操作问题和模式匹配问题，介绍了串在实际生活中的应用。

# 知 识 巩 固

### 一、填空题

1. 串的两种最基本的存储方式是＿＿＿＿＿＿。

2. 两个串相等的充分必要条件是＿＿＿＿＿。

3. 空串是＿＿＿＿＿，其长度等于＿＿＿＿＿。

4. 空格串是＿＿＿＿＿，其长度等于＿＿＿＿＿。

5. 设 s="I AM A TEACHER"，其长度是＿＿＿＿＿。

### 二、选择题

1. 串是（　　　）。

　　A. 少于一个字母的序列　　　　　B. 任意个字母的序列

　　C. 不少于一个字符的序列　　　　D. 有限个字符的序列

2. 串是一种特殊的线性表，其特殊性体现在（　　　）。

　　A. 可以顺序存储

　　B. 数据元素是一个字符

　　C. 可以链接存储

　　D. 数据元素可以是多个字符

3. 下列为空串的是（　　　）。

　　A. S="　　"　　　　　　　　　B. S=" "

　　C. S="φ"　　　　　　　　　　D. S=" θ "

4. 设 S1="ABCD"，S2="CD"，则 S2 在 S3 中的位置是（　　　）。

　　A. 0　　　　　　　　　　　B. 1

　　C. 2　　　　　　　　　　　D. 3

5. 串的长度是（　　　）。

　　A. 串中不同字母的个数

　　B. 串中不同字符的个数

　　C. 串中所含的字符的个数

　　D. 串中所含字符的个数，且大于 0

6. 设有两个串 p 和 q，求 q 在 p 中首次出现的位置的运算称为（　　　）。

A. 连接　　B. 模式匹配　　　C. 求子串　　　D. 求串长
7. 若串 S="software"，其子串的数目是（　　　）。
　　A. 8　　　　B. 37　　　　　C. 36　　　　D. 9

## 三、简答题

1. 描述以下概念的区别：空格串与空串。
2. 输入一个字符串，统计串中的数字字符和字母字符出现的次数。

# 实 训 演 练

## 一、程序填空题

1. 下列程序判断字符串 s 是否为回文，对称则返回 1，否则返回 0；如 f("abba")返回 1，
f("abab")返回 0。

```
int f(  (1)   )
{int  i=0,j=0;
 while (s[j])(2)            ;
 for(j--; i<j &&s[i]==s[j]; i++,j--);
 return((3)              )
}
```

2. 下列算法实现求采用顺序结构存储的串 s 和串 t 的一个最长公共子串。

```
void  maxcomstr(orderstring *s,*t; int index, length)
{int i,j,k,length1,con;
 index=0;length=0;i=1;
 while(i<=s.len)
  {j=1;
   while(j<=t.len)
    { if(s[i]= =t[j])
     { k=1;length1=1;con=1;
       while(con)
        if  (1)           { length1=length1+1;k=k+1; }
         else  (2)         ;
        if(length1>length) { index=i;length1=length1;}
         (3)          ;
       }
     else  (4)          ;
    }
    (5)         
  }
    }
```

3. 设有 A="  ", B="mule", C="old", D="my", 试计算下列运算的结果（A="  "的"  "
含有两个空格）。
　　① strcat(A,B)
　　② strsub(B,3,2)
　　③ strlen(D)
　　④ strins(D,2,C)

⑤ strins(B,1,A)

⑥ strdel(B,2,2)

⑦ strdel(B,2,0)

## 二、程序设计题

1. 输入一个字符串，将该字符串逆序输出。至少写出两种以上的算法。

2. 写一个算法，要求输出 10 个字符串中的最大者和最小者。

3. 写一个算法，输出从一个串中删除所有与它的子串相同的次数。

4. 写一个算法，输出由串 1 不出现在串 2 中的字符构成的新串。

# 第6章

## 数组和广义表

数组是一种常用的数据结构，它是线性表的推广，并将相同类型的数据聚集在一起。几乎所有的程序设计语言都提供了数组类型。同时，数组也是一种复杂的数据结构，其中的各元素具有统一的类型，且数组元素的下标和上标都有规定的上界和下界。有了这些优点，数组这种"特殊"的数据结构处理起来显得更为简单。

本章主要介绍数组的存储特点以及特殊的二维数组，如三角矩阵、对称矩阵、稀疏矩阵和带状矩阵和广义表。

**本章重点：**

- 数组的概念
- 矩阵的压缩存储结构
- 广义表

**本章难点：**

- 矩阵的压缩存储结构

## 6.1 数　组

在进行算法分析与设计时，经常要对数据定义类型，除了一些简单的类型外，还有许多构造类型，其中最常用的一种构造类型就是数组。所谓数组，就是一组数据的集合。当然，这些数据并不是杂乱地组织在一起，而必须要求它们有相同的数据类型，这个数据类型称为数组中所有数据的基类型。数组中的所有数据称为数组元素。数组元素一般通过下标来识别，下标的个数取决于数组的维数。常用的数组有一维数组、二维数组，可推广为多维数组。

### 6.1.1 一维数组

一维数组只有一个下标，且下标从 0 开始。定义形式如下：

　　　类型　数组名 [MAX]

其中：类型是数组中所包含的元素的基类型，MAX 表示该数组中包含的元素个数。当定义了一个数组后，这个数组中的元素个数就由 MAX 决定。

例如，int a[10]表示定义了一个元素个数为 10 的一维数组，基类型为整型，下标从 0 到 9。这些数组元素分别为 a[0]，a[1]，…，a[9]。存储该数组时，系统为其分配一片连续的存储单元。假设该片存储单元的起始地址为 $\alpha$，每个元素占 $d$ 个字节，则这 10 个元素的地址依次为：$\alpha$，$\alpha+1\times d$，$\alpha+2\times d$，$\cdots$，$\alpha+9\times d$，且该单元中存储的数组元素为 a[0]，a[1]，$\cdots$，a[9]，如图 6.1 所示。

| 地址 | $\alpha$ | $\alpha+1\times d$ | $\alpha+2\times d$ | ... | $\alpha+9\times d$ |
|------|----------|--------------------|--------------------|-----|--------------------|
| 名称 | a[0] | a[1] | a[2] | ... | a[9] |

图 6.1　一维数组 a[10] 的存储结构

因此，对于 C 语言来说，数组 a[M] 是由元素 a[0]，a[1]，a[2]，$\cdots$，a[M-1] 组成的有限序列，设该数组的存储单元的起始地址为 $\alpha$，每个元素占 $d$ 个字节，则第 $i$ 个元素 a[i] 的地址表示为 $A_{(a[i])}=A_{(a[0])}+i\times d$，或者 $A_{(a[i])}=\alpha+i\times d$，或者 $A_{(a[i])}=A_{(a[i-1])}+1\times d$。

## 6.1.2　二维数组

二维数组有两个下标，定义的一般形式为：

　　类型　数组名[MAX1]　[MAX2]

其中：MAX1 和 MAX2 分别指该二维数组的行数和列数。数组中的元素个数由行数和列数的乘积决定，数组中的元素由行下标和列下标共同决定。

例如，int a[3][3]，对于这个二维数组，总共有 9 个元素，分别为 a[0][0]，a[0][1]，a[0][2]，a[1][0]，a[1][1]，a[1][2]，a[2][0]，a[2][1]，a[2][2]，前一个下标称为行下标，后一个下标称为列下标。

二维数组中的元素在存储时一般有两种方式：行优先（Row-major）和列优先（Column-major）。行优先是指从第 0 行的元素开始，按列下标从小到大依次存储，然后存储第 1 行的元素，依此类推，直到所有行的元素都存储完为止。列优先是指从第 0 列的元素开始，按行下标从小到大依次存储，然后存储第 1 列的元素，依此类推，直到所有列的元素都存储完为止。一般情况下，系统是按行优先方式进行。

假设有数组 a[2][3]，行优先存储和列优先存储的存储形式分别如图 6.2（a）和图 6.2（b）所示。

（a）行优先存储　　　　　　　　　　　（b）列优先存储

图 6.2　二维数组 a[2][3] 的存储形式

设已经定义二维数组 a[M1][M2]，且该片存储单元的起始地址为 $\alpha$，每个元素占 $d$ 个字节，若按照行优先存储方式，则元素 a[i][j] 的地址为：

$$A_{(a[i][j])}=\alpha+i\times M2\times d+j\times d$$

若按照列优先存储方式，则元素 a[i][j] 的地址为：

$$A_{(a[i][j])}=\alpha+j\times M1\times d+i\times d$$

实际上，二维数组可以看成是一维数组，根据二维数组元素的行下标和列下标计算出这个元素是一维数组中的第几个元素。例如，上面的元素 a[1][2] 就对应着一维数组中的第 5 个元素。任何一个二维数组元素 a[i][j] 对应着一维数组的第 $i×m+j$ 个元素，其中 $m$ 表示二维数组的列数。在科学计算中，二维数组通常用来表示矩阵结构。

### 6.1.3　多维数组

多维数组有多个下标，下标分别从 0 开始，每一个元素由多个下标共同决定，元素个数等于每个维度值的乘积。在存储时，一般按照最低维度优先的顺序进行，即按第 1 维优先的顺序进行。若有多维数组定义为：

类型 a $[M_1][M_2]…[M_{n-1}][M_n]$

其中：$M_1$，$M_2$，$\cdots$，$M_{n-1}$ 是已定义的常数，类型是指多维数组元素的类型。假设数组的存储单元的起始地址为 $\alpha$，每个元素占 $d$ 个字节，数组为 $a[M_1][M_2]\cdots[M_n]$，元素 $a[i_1][i_2]...[i_n]$ 的地址计算公式为：

$$A_{(a[i1][i2]\cdots[in])} = \alpha + i_1×M_2×M_3…M_n×d + i_2×M_3\cdots M_n×d + \cdots + i_{n-1}×M_n×d + i_n×d$$

$$= \alpha + d×\left(\sum_{j=1}^{n-1}i_j × \prod_{k=j+1}^{n}M_k + i_n\right)$$

其中：元素 $a[i_0][i_1][i_2]...[i_{n-1}]$ 对应着一维数组的第 $(...((i_0M_1+i_1)M_2+i_2)M_3+\cdots)M_{n-1}+i_{n-1}$ 个元素。

假设三维数组定义为 int a$[M_0][M_1][M_2]$，可以得出该数组中的每个元素有三个下标，元素个数为 $M_0×M_1×M_2$。每一个元素的三个下标如 a[1][2][1]，第一个元素为 a[0][0][0]，最后一个元素为 a$[M_0-1][M_1-1][M_2-1]$。且元素 a[i][j][k] 对应着一维数组的第 $(iM_0+j)M_1+k$ 个元素。在存储时，可以看成 $M_0$ 个阶为 $M_1×M_2$ 的二维数组所组成，首先按行序列存储第一个下标为 0 的 $M_2×M_3$ 个元素，第一个下标为 1 的 $M_1×M_2$ 个元素，最后按行序列存储第一个下标为（$M_0-1$）的 $M_1×M_2$ 个元素。其中，任意一个元素的地址为（数组存储单元的起始地址为 $\alpha$，每个元素占 $d$ 个字节）：

$$A_{(a[i][j][k])} = \alpha + (i×M_1×M_2 + j×M_2 + k)×d$$

# 6.2　矩阵的压缩存储

矩阵在科学计算中是一种最有用的数学工具之一，在高级程序设计语言中，通常用二维数组来表示矩阵。但是，在实际使用中，有可能要处理高阶矩阵，这样元素个数就非常多，有时甚至会出现大量的特殊元素如 0 或其他相同的数，为了充分利用空间，且不输入和处理 0 值元素，压缩存储就显得非常重要。压缩存储是指只存储非特殊元素或者只存储一次特殊元素（如果是 0，则不予考虑）。这样，有了压缩存储，就可以对 0 值元素不输入、不存储、不处理。对于一些特殊矩阵，这种优点显得尤为突出。

下面介绍常见的特殊矩阵的压缩存储。

### 6.2.1　三角矩阵

三角矩阵是指在 $n×n$ 的矩阵中，以主对角线（从左上角到右下角）为划分，主对角线以下

（不包括对角线）的所有元素为 0（或常数），则为下三角矩阵；主对角线以上（不包括对角线）的所有元素为 0（或常数），则为上三角矩阵。图 6.3 所示为上三角矩阵，图 6.4 所示为下三角矩阵。

$$\begin{bmatrix} 2 & 3 & 9 \\ 0 & 4 & 6 \\ 0 & 0 & 20 \end{bmatrix}$$

图 6.3　上三角矩阵

$$\begin{bmatrix} 2 & 0 & 0 \\ 3 & 4 & 0 \\ 9 & 6 & 20 \end{bmatrix}$$

图 6.4　下三角矩阵

可见，三角矩阵中有许多元素是相同的，这些相同的元素称为特殊元素，它们可能为 0，也可能是其他非零的常数。在存储这些特殊元素时，为了节省存储单元，可以使它们占用一个空间。除特殊元素之外，其他的元素个数为 $n(n+1)/2$。

在三角矩阵中，若特殊元素为 0，则可以不存储，这样就可以压缩成用一维数组 m[n(n+1)/2]进行存放；若特殊元素为非 0 的常数，则可以多开辟一个空间，就可以压缩成用一维数组 m[n(n+1)/2+1]进行存放。由此可见，压缩存储方式可以大大节省内存空间。为了简便起见，一般把特殊元素作为数组元素的最后一个元素。

压缩存储后，用一维数组存放二维数组中的元素，也就是说，把二维数组中的元素放到一维数组中，但是由于它们的表示方式不一样，这就需要解决它们之间一一对应的问题。在上三角矩阵中，主对角线的第 $k$ 行共有 $n-k$ 个元素，按行优先存放的顺序存放上三角矩阵中的元素 $a_{ij}$ 时，$a_{ij}$ 之前的前 $i-1$ 行共有 $i(2n-i+1)/2$ 个元素，在第 $i$ 行上，$a_{ij}$ 是该行的第 $j-i$ 个元素，这样用来存放上三角矩阵的一维数组元素 m[k]与矩阵中的元素 $a_{ij}$ 之间的对应关系为 $k=i(2n-i+1)/2+j-i$（$i \leqslant j$），如果特殊元素为非零，则它对应的 $k=n(n+1)/2$。

同理，在下三角矩阵中，m[k]与它的元素 $a_{ij}$ 之间的对应关系为 $k=i(i+1)/2+j$（$i \geqslant j$），如果特殊元素为非零，则 $k=n(n+1)/2$。

以上面的第一个三角矩阵为例，可以算出用长度为 6 的一维数组来存放非零元素即 m[6]，它存放的元素依次为 2，3，9，4，6，20，即 m[4]=6，可以用上面公式算出，因为元素 6 在矩阵中是第 1 行第 2 列上的元素，代入公式有 k=4。

给定一个三角矩阵，其对应的存放该三角矩阵的一维数组的算法如下：

```
#define  MAX  10                        /*矩阵的行数和列数*/
#define  N    MAX*(MAX+1)/2             /*矩阵中元素的个数*/
/*数组 m 是用来存放矩阵中的非零元素*/
void diacompat(int  a[MAX][MAX],int m[N])
{
    int  i,j,k=0;
    for(i=0;i<MAX;i++)
     for(j=i;j<MAX;j++)
      { m[k]=a[i][j];
         k++;}
}
```

该算法的几点说明：

① 本算法适用于上三角矩阵；

② 上三角矩阵的特殊元素为零；

③ MAX 表示上三角矩阵的阶数；

④ N 表示一维数组的维数。

上三角矩阵算法经过修改后，得到下三角矩阵算法如下：

```
#define  MAX  10                    /*矩阵的行数和列数*/
#define  N    MAX*(MAX+1)/2         /*矩阵中元素的个数*/
/*数组 m 是用来存放矩阵中的非零元素*/
void diacompat(int a[MAX][MAX], int m[N])
{
 int  i,j,k=0;
 for(i=0;i<MAX;i++)
  for(j=0;j<=i;j++)
   { m[k]=a[i][j];
     k++;}
}
```

## 6.2.2  对称矩阵

对称矩阵是指矩阵中的元素关于主对角线对称，即一个 $n$ 阶矩阵 $A$ 中的元素满足 $a_{ij}=a_{ji}$（$0 \leq i$, $j \leq n-1$），如图 6.5 所示。

在对称矩阵中，有将近一半的元素是重复的。因此，为了节省内存空间，只需要为每一对对称元素分配一个存储空间，即将 $n$ 阶矩阵中的 $n^2$ 个元素压缩存储到一维数组 m[n(n+1)/2]中。存储时，可以存放主对角线以上的元素（包括主对角线），也可以存储主对角线以下的元素（包括主对角线）。

$$\begin{bmatrix} 2 & 3 & 9 \\ 3 & 4 & 6 \\ 9 & 6 & 20 \end{bmatrix}$$

图 6.5  对称矩阵

在对称矩阵中，假设只存储主对角线以下的元素（包括主对角线），这样就类似下三角矩阵。因此可得，用来存放对称矩阵的一维数组元素 m[k]与矩阵中的元素 $a_{ij}$ 之间的对应关系为 $k=i(i+1)/2+j(i \geq j)$。反之，如果只存储主对角线以上的元素（包括主对角线），这样就类似上三角矩阵。同样可得，用来存放对称矩阵的一维数组元素 m[k]与矩阵中的元素 $a_{ij}$ 之间的对应关系为 $k=i(2n-i+1)/2+j-i(i \leq j)$。

对称矩阵的算法与三角矩阵相似。

## 6.2.3  稀疏矩阵

稀疏矩阵是指矩阵中非零元素的个数远远小于零元素的个数。这样的矩阵往往比较大。为了节约存储空间，零元素可以不考虑存储，只存储稀疏矩阵中的非零元素。考虑到稀疏矩阵的特殊性，一般使用两种方法进行存储，一种是压缩存放到二维数组（又称扩充的三元组表），另一种是采用十字链表进行存储。

### 1. 扩充的三元组表存储稀疏矩阵

使用扩充的三元组表存储稀疏矩阵，需要决定这个二维数组的行数和列数。其中列数是一个常值为 3，这三列中包含的元素从左到右依次存储稀疏矩阵的非零元素的行数、列数和非零元素的值，而行数则由稀疏矩阵中的非零元素的个数决定，存储顺序按照行优先的顺序进行。因此，稀疏矩阵中的元素可以压缩存储到二维数组 m[n][3]中（m 表示数组名，n 表示稀疏矩阵中非零元素的个数）。

例 6.1：图 6.6 所示的矩阵就是一个稀疏矩阵。

在这个稀疏矩阵中，共有 25 个元素，其中零元素有 17 个，非零元素有 8 个。因此，可以用一个二维数组 a[8][3]存放此矩阵稀疏中的非零元素。例如，在稀疏矩阵中，第 0 行第 1 列的元素为非零元素 1，因此，该二维数组中第 0 行元素的三元组的值分别是 0，1，1，分别对应着 a[0][0]、a[0][1]、a[0][2]。最终得到的扩充三元组表如图 6.7 所示。

$$\begin{bmatrix} 0 & 1 & 0 & 5 & 0 \\ 5 & 0 & 0 & 0 & 0 \\ 0 & 2 & 0 & 2 & 0 \\ 6 & 0 & 0 & 0 & 3 \\ 0 & 0 & 0 & 0 & 4 \end{bmatrix}$$

| 0 | 1 | 1 |
| 0 | 3 | 5 |
| 1 | 0 | 5 |
| 2 | 1 | 2 |
| 2 | 3 | 2 |
| 3 | 0 | 6 |
| 3 | 4 | 3 |
| 4 | 4 | 4 |

图 6.6　稀疏矩阵　　　　　　　　图 6.7　用扩充三元组表稀疏矩阵

给定一个稀疏矩阵，得到其扩充三元组表的算法如下：

```
#define  MAX  10
#define  N    100
void diacompat(int  a[MAX][MAX], int  m[N][3])
{
    int  i,j,k=0,n=-1;
    for(i=0;i<MAX;i++)
     for(j=0;j<MAX;j++)
      if(a[i][j]!=0) {n++;m[n][0]=i;m[n][1]=j;m[n][2]=a[i][j];}
}
```

### 2. 十字链表存储稀疏矩阵

用三元组数组表示稀疏矩阵，一般可以省略存储空间，但是如果在矩阵运算过程中，非零元素的个数有变化，那么必将引起数组中元素的过多移动。为了克服这个缺点，介绍另一种存储方法——十字链表存储稀疏矩阵。

在使用十字链表存储稀疏矩阵时，一般是采用一个结点表示稀疏矩阵的一个非零元素，该结点由五个域组成，其中三个字段 row、col 和 val 及两个指针 right 和 down。结构如图 6.8 所示。

其中，字段 row、col 和 val 分别存放非零元素的行号、列号和非零元素的值，每一行的非零元素结点按其列号从小到大顺序由 right 域链成一个带表头结点的循环行链表，每一列中的非零元素按其行号从小到大顺序由 down 域链成一个带表头结点的循环列链表。行链表、列链表的头结点的 row 域和 col 域置 0。每一列链表的表头结点的 down 域指向该列链表的第一个元素结点，每一行链表的表头结点的 right 域指向该行表的第一个元素结点。总头结点的 row 和 col 域存储原矩阵的行数和列数。

图 6.8　十字链表中的结点结构

图 6.6 所示的稀疏矩阵用十字链表表示如图 6.9 所示。

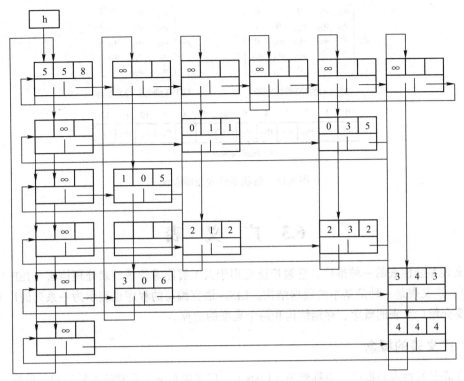

图 6.9　用十字链表表示稀疏矩阵

## 6.2.4　带状矩阵

带状矩阵又称对角矩阵，是指非零元素位于主角线和它的上、下各 $b$ 条对角线上，其他的元素全为零。其中，$b$ 称为半带宽，$2b+1$ 称为带状矩阵的带宽。图 6.10 所示的矩阵即是一个带状矩阵，它的半带宽为 1，带宽为 3。在该矩阵中，所有非零元素都集中在以主对角线为中心的带状区域中，即除了主对角线和它的上下方若干条对角线的元素外，所有其他元素都为零（或同一个常数 $c$）。

$$\begin{bmatrix} 1 & 6 & 0 & 0 \\ 2 & 8 & 7 & 0 \\ 0 & 2 & 9 & 8 \\ 0 & 0 & 3 & 1 \end{bmatrix}$$

图 6.10　带状矩阵

在存储带状矩阵时可以采用压缩存储，压缩方法有以下两种：（设有图 6.11（a）所示的带状矩阵 $A$）

（1）将带状矩阵 $A$ 压缩到一个 $n$ 行 $w$ 列的二维数组 $B$ 中，如图 6.11（b）所示，当某行非零元素的个数小于带宽 $w$ 时，先存放非零元素后补零，使得元素个数为 $w$。那么 $a_{ij}$ 映射为 $b_{i'j'}$，映射关系为：

$$i'= i, \quad j=\begin{cases} j & (i \le m) \\ \\ j-i+m & (i>m) \end{cases}$$

（2）将带状矩阵 $A$ 压缩到向量 $C$ 中去，以行为主序，顺序存储其非零元素，如图 6.11（c）所示，按其压缩规律，找到相应的映象函数。如当 $w=3$ 时，映象函数为 $k=2×i+j-3$。

$$A = \begin{bmatrix} a_{11} & a_{12} & 0 & 0 & 0 \\ a_{21} & a_{22} & a_{23} & 0 & 0 \\ 0 & a_{32} & a_{33} & a_{34} & 0 \\ 0 & 0 & a_{43} & a_{44} & a_{45} \\ 0 & 0 & 0 & a_{54} & a_{55} \end{bmatrix} \qquad B = \begin{bmatrix} a_{11} & a_{12} & 0 \\ a_{21} & a_{22} & a_{23} \\ a_{32} & a_{33} & a_{34} \\ a_{43} & a_{44} & a_{45} \\ a_{54} & a_{55} & 0 \end{bmatrix}$$

（a）w=3的5阶带状矩阵　　　　　（b）压缩为5×3的矩阵

| | 0 | 1 | 2 | 3 | 4 | 5 | 6 | 7 | 8 | 9 | 10 | 11 | 12 |
|---|---|---|---|---|---|---|---|---|---|---|---|---|---|
| c= | $a_{11}$ | $a_{12}$ | $a_{21}$ | $a_{22}$ | $a_{23}$ | $a_{32}$ | $a_{33}$ | $a_{34}$ | $a_{43}$ | $a_{44}$ | $a_{45}$ | $a_{54}$ | $a_{55}$ |

（c）压缩为向量

图 6.11　带状矩阵及压缩存储

# 6.3　广　义　表

广义表是线性表的一种推广，它被广泛应用于人工智能等领域的表处理语言 LISP 中。在 LISP 中，广义表是一种最基本的数据结构。LISP 语言编写的程序也表示为一系列的广义表。本节主要介绍广义表的概念、存储结构和两个典型的运算。

## 6.3.1　广义表的概念

广义表是线性表的推广，也称列表（Lists）。广义表是 $n$ 个元素的有限序列，记作

$$A=(a_0,a_1,\cdots,a_{n-1})$$

其中：$A$ 是表名，$n$ 是广义表的长度，$a_i$ 是广义表的元素，它可以是单个元素，也可以是广义表。

原子：如果 $a_i$ 是单个元素，则称为原子，用小写字母表示；

子表：如果 $a_i$ 是广义表，则称为子表，用大写字母表示；

表头（Head）：非空广义表的第一个元素 $a_0$，记为 head(A)=$a_0$；

表尾（Tail）：除了表头的其余元素组成的表，记为 tail(A)=（$a_1,a_2,\cdots,a_{n-1}$）；

深度：广义表中括号嵌套的最大层数。

例如：

① B=(e)：只含一个原子，长度为 1，深度为 1。

② C=(a,(b，c，d))：有一个原子，一个子表，长度为 2，深度为 2。

③ D=(B,C)：二个元素都是列表，长度为 2，深度为 3。

④ E=(a,E)是一个递归表，长度为 2，深度无限，相当于 E=(a,(a,(a,(a,$\cdots$)))))。

⑤ 设广义表 A=(a,b,c)，B=(A,(c,d))，C=(a,(B,A)，(e,f))，则

head(A)=a，tail(B)=((c,d))

head(head(head(tail(C))))= head(head(head(((B,A),(e,f)))))

= head(head((B,A)))=head(B)=head((A,(c,d)))=A

## 6.3.2　广义表的存储结构

广义表的存储存储空间难以确定，常采用链式存储。链接结构中的结点表示如下：

| tag | dlink/data | link |
|---|---|---|

其中：tag 是标识字段，若结点表示一个原子，则 tag=0，且第二个字段为 data，它表示原子的名称；若结点表示一个广义表，则 tag=1，且第二字段为 dlink，它是指向子表的指针；link 字段是指向下一个结点的指针，若没有下一个结点，则置 link 为空（NULL，记为 ∧）。

用 C 语言的描述此链接结构如下：

```
#include <stdio.h>
struct node
{
 int tag;
 union
 {
  struct node *dlink;
  char data;
 }dd;
 struct node *link;
};
typedef struct node NODE;
```

例 6.2：设有以下广义表

$$A=(a,(b,c))$$

$$B=(A,A,())$$

其用链接结构表示如图 6.12 所示。

图 6.12　链接结构

## 6.3.3　广义表的运算

### 1. 产生广义表的副本

```
NODE *copy( NODE p)
{
NODE *q;
if(p==NULL)return (NULL);
q=(NODE*)malloc(sizeof(NODE));
q->tag=p->tag;
if(p->tag)
  q->dd.dlink=copy(p->dd.dlink);
 else
  q->dd.data=p->dd.data;
q->link=copy(p->link);
return(q);
}
```

### 2. 判断两个广义表是否相同

```
int equal(NODE s,NODE t)
```

```
{
    int x;
    if(s==NULL&&t==NULL)return (1);      /*相同返回1*/
    if(s!=NULL&&t!=NULL)
    if(s->tag==t->tag)
    {
     if(!s->tag)
       if(s->dd.data==t->dd.data)
         x=1;
       else
         x=0;
       else
     x=equal(s->dd.dlink,t->dd.dlink);
     if(x)return(equal(s->link,t->link));
    }
    return(0);                           /*不相同返回0*/
}
```

# 6.4   经典应用实例

在程序设计语言中，数组是一种使用非常普遍的数据结构。下面介绍两个应用实例，其中一个实例为利用二维数组表示矩阵，在矩阵中寻找鞍点，另一个实例为求两个稀疏矩阵的和，利用十字链表的存储方式实现两个矩阵相加。

## 6.4.1   矩阵鞍点

### 1. 问题描述

若有矩阵 $A(m×n)$ 中的某一元素 $A[i][j]$，此元素满足以下特点：是第 $i$ 行所有元素中的最大值，且是第 $j$ 列所有元素中的最小值，则称该元素为该矩阵的一个鞍点。现在给定一个矩阵，要求编写一个函数，确定该矩阵中是否存在的鞍点，如果存在鞍点则确定鞍点在矩阵中的位置。这就是矩阵鞍点（Matrix Saddle Point）问题。

### 2. 数据结构分析

矩阵鞍点问题中主要涉及的数据是一般的矩阵结构，因此，根据矩阵的特点，选择用二维数组来存放矩阵。该二维数组的定义如下：

```
#define MAX 100
int a[MAX][MAX]
```

其中：MAX 表示该矩阵的最大行数和列数。

### 3. 实体模拟

假设有矩阵 a[3][4]和 b[3][4]，如图 6.13 所示。

$$\begin{bmatrix} 1 & 2 & 3 & 4 \\ 12 & 43 & 56 & 33 \\ 24 & 57 & 44 & 67 \end{bmatrix} \qquad \begin{bmatrix} 1 & 2 & 3 & 8 \\ 4 & 5 & 7 & 4 \\ 9 & 10 & 11 & 12 \end{bmatrix}$$

(a)            (b)

图 6.13   矩阵

扫描图 6.13（a）所示矩阵中的每个元素可以得出，第 0 行第 3 列的元素值 4 是本行中最大的元素，同时它还是第 3 列中最小的元素，因此该元素为鞍点。

扫描图 6.13（b）所示矩阵中的每个元素可以得出，该矩阵中没有鞍点。

### 4. 算法实现

```c
#define MAX 100
int value[3]={-1};
void MSP(int a[MAX][MAX],int m,int n)
{
 int i,j,max,maxj,flag=1,k;
for(i=0;i<m;i++)
{
 max=a[i][0];              /*首先设第 i 行的第 0 个元素为最大值*/
 maxj=0;                   /*设最大值的列下标为 0*/
 for(j=0;j<n;j++)
 /*如果第 i 行中的第 j 个元素比当前的最大值还大，就把它赋给 max，同时记录下其列下标
j，把它赋给 maxj*/
 if(a[i][j]>max)
 {
  max=a[i][j];
  maxj=j;
 }
 for(k=0;k<m;k++)
 /*判断第 maxj 列中的各个元素是否有比当前的最大值还要小的，如果 flag 变为 0，跳出
循环*/
 if(max>a[k][maxj])
 {
  flag=0;
  break;
 }
 if(flag)      /*如果 flag 没变仍然为 1，则说明元素在该列中为最小值，将它打印输出*/
 {
  value[0]=i,value[1]=maxj,value[2]=max;
  break;
 }
}
}
```

### 5. 源程序及运行结果

源程序代码：

```c
#include "stdio.h"
/*此处插入 4 中的算法*/
int main()
{
 int a[MAX][MAX],m,n,i,j,max,maxj,flag,k;
 printf("请输入行数列数(以空格分隔: )\n");
 scanf("%d %d",&m,&n);
 printf("请输入%d个数:\n",m*n);
 for(i=0;i<m;i++)
    for(j=0;j<n;j++)
```

```
        scanf("%d",&a[i][j]);
    printf("输出矩阵: \n");
    for(i=0;i<m;i++)
    {for(j=0;j<n;j++)
        printf("%5d",a[i][j]);
      printf("\n");
    }
    MSP(a, m, n);/*算法调用*/
    if(value[0]!=-1)
    {printf("矩阵中有鞍点!\n");
      printf("鞍点是元素a[%d][%d]=%d\n",value[0],value[1],value[2]);
     }
    else
      printf("矩阵中没有鞍点!\n");
    return 0;
    }
```

运行结果如图 6.14 所示。

图 6.14　矩阵鞍点问题运行结果

## 6.4.2　稀疏矩阵相加

### 1. 问题描述

已知两个稀疏矩阵 $A$ 和 $B$，计算 $C=A+B$。求 $C$ 的过程就是稀疏矩阵相加（Sparse Matrix Addition）问题。

### 2. 数据结构分析

矩阵的存储方法有多种，如二维数组、扩充三元组和十字链表等。但是，在本实例中，由于矩阵是特殊矩阵—稀疏矩阵，因此，用十字链表分别表示矩阵 $A$，$B$ 和 $C$。

### 3. 实体模拟

设稀疏矩阵 $A$，$B$ 分别如图 6.15 所示。

$$\begin{bmatrix} 12 & 14 & 0 & 0 \\ 0 & 0 & 0 & 0 \\ 34 & 23 & 45 & 0 \\ 0 & 56 & 0 & 78 \\ 0 & 0 & 0 & 0 \end{bmatrix} \qquad \begin{bmatrix} 2 & 0 & 0 & 0 \\ 0 & 3 & 0 & 0 \\ 4 & 0 & 0 & 0 \\ 0 & 0 & 0 & 0 \\ 0 & 0 & 0 & 0 \end{bmatrix}$$

(a) 矩阵A　　　　　(b) 矩阵B

图 6.15　矩阵

根据矩阵加法的原则：对应的行和列的元素对应相加。用十字链表表示的稀疏矩阵 $A$ 和 $B$，在相加的过程中，$C$ 中的非零元素 $c_{ij}$ 有可能会出现以下几种情况：

① $a_{ij}+b_{ij}$；

② $a_{ij}$（$b_{ij}=0$）；

③ $b_{ij}$（$a_{ij}=0$）。

因此，当 $B$ 加到 $A$ 上时，对 $A$ 十字链表的当前结点来说，对应下列四种情况：改变结点的值（$a_{ij}+b_{ij}\neq 0$），不变（$b_{ij}=0$），插入一个新结点（$a_{ij}=0$），删除一个结点（$a_{ij}+b_{ij}=0$）。整个运算从矩阵的第一行起逐行进行。对每一行都从行表的头结点出发，分别找到 $A$ 和 $B$ 在该行中的第一个非零元素结点后开始比较，然后按四种不同情况分别处理。

最终，这两个矩阵相加的结果 $C$ 如图 6.16 所示。

$$\begin{bmatrix} 14 & 14 & 0 & 0 \\ 0 & 3 & 0 & 0 \\ 38 & 23 & 45 & 0 \\ 0 & 56 & 0 & 78 \\ 0 & 0 & 0 & 0 \end{bmatrix}$$

### 4. 算法实现

```c
#include "stdlib.h"
 struct node
 {
  int row,col,val;
  struct node *right,*down;
 };
typedef struct node NODE;
NODE *a,*b,*c;
/* 初始化十字链表，建立 m 行 n 列的零矩阵的十字链表*/
NODE *create_null_mat(int m,int n)
{NODE *h,*p,*q;
 int  k;
 h=(NODE *)malloc(sizeof(NODE));    /*申请一个总表头结点*/
 h->row=m;
 h->col=n;
 h->val=0;
 h->right=h;
 h->down=h;
 p=h;
 for(k=0;k<m;k++)     /*申请 m 个行表头并且把它们链接起来，形成一个环行链表*/
 {
   q=(NODE *)malloc(sizeof(NODE));
   q->col=10000;       /*在行表头的列域放上 10000，表示一个很大的数*/
   q->right=q;
   q->down=p->down;
   p->down=q;
   p=q;
 }
 p=h;
 for(k=0;k<n;k++)      /*申请 n 个列表头并且把它们链接起来，形成一个环行链表*/
 {
   q=(NODE *)malloc(sizeof(NODE));
   q->row=10000;     /*在列表头的行域放上 10000，表示一个很大的数*/
   q->down=q;
   q->right=p->right;
   p->right=q;
   p=q;
 }
```

图 6.16  运算结果矩阵 $C$

```
        return (h);
    }
    /*寻找行号为 i 的链表的最后一个非零元素*/
    NODE *search_row_last(NODE *a,int i)
    {
        NODE *p,*h;
        int k;
        p=a;                                    /*p 指向总表头*/
        for(k=0;k<=i;k++) p=p->down;            /*p 指向第 i 行的行表头*/
        h=p;
        while(p->right!=h) p=p->right;          /*p 指向第 i 行的最后一个非零元素*/
        return (p);
    }
    /*寻找列号为 i 的链表的最后一个非零元素*/
    NODE *search_col_last(NODE *a,int j)
    {
        NODE *p,*h;
        int k;
        p=a;                                    /*p 指向总表头*/
        for(k=0;k<=j;k++)p=p->right;            /*p 指向第 j 列的行表头*/
        h=p;
        while(p->down!=h) p=p->down;            /*p 指向第 j 列的最后一个非零元素*/
        return (p);
    }
    /*把值为 value 的结点插入在行号为 row,列号为 col 的链表的交叉点上*/
    void insert_node(NODE *a,int row,int col,int value)
    {
        NODE *p,*q,*r;
        p=search_row_last(a,row);
        q=search_col_last(a,col);
        r=(NODE *)malloc(sizeof(NODE));
        r->row=row;
        r->col=col;
        r->val=value;
        r->right=p->right;
        p->right=r;
        r->down=q->down;
        q->down=r;
        a->val++;                               /*结点个数加 1*/
    }
    /*建立十字链表，输入的是表示稀疏矩阵的三元组数组*/
    NODE *create_mat()
    {
    int m,n,t,i,j,k,v;
    NODE *h;
    printf("input 3-tuples:\n");
    printf("%3d:",0);
    scanf("%d,%d,%d",&m,&n,&t);     /*输入稀疏矩阵的行数、列数和非零元素的个数 */
    h=create_null_mat(m,n);
    for(k=1;k<=t;k++)                      /*依次插入非零元素到对应的十字链表中*/
    {
        printf("%3d:",k);
        scanf("%d,%d,%d",&i,&j,&v);
```

```
         insert_node(h,i,j,v);
    }
return (h);
}
/*十字链表a和十字链表b表示的稀疏矩阵相加*/
NODE *mat_add(NODE *a,NODE *b)
{
 NODE *c,*p,*q,*u,*v;
 c=create_null_mat(a->row,a->col);
 p=a->down;
 u=b->down;
 while(p!=a)
  {
   q=p->right;
   v=u->right;
   while(q!=p||v!=u)
    {
     if(q->col==v->col)
      { if(q->val+v->val!=0)
           insert_node(c,q->row,q->col,q->val+v->val);
        q=q->right;
        v=v->right;
      }
     else
      if(q->col<v->col)
       {
         insert_node(c,q->row,q->col,q->val);
         q=q->right;
       }
      else
        {
         insert_node(c,v->row,v->col,v->val);
         v=v->right;
        }
    }
   p=p->down;
   u=u->down;
  }
 return(c);
}
/*十字链表表示的稀疏矩阵输出为三元组表示的稀疏矩阵*/
visit(NODE *c)
 {
  int i;
  NODE *s,*t;
  printf("output 3-tuples:\n");
  printf("%3d:",0);
  printf("%d,%d,%d\n",c->row,c->col,c->val);
  s=c->down;
  i=1;
  while(s!=c)
   {
     t=s->right;
```

```
        while(t!=s)
         {
            printf("%3d:%d,%d,%d\n",i,t->row,t->col,t->val);
            i++;
            t=t->right;
         }
       s=s->down;
     }
   }
```

## 5. 源程序及运行结果

源程序代码：

```
#include "stdio.h"
/*此处插入 4 中的算法*/
int main()
{
   NODE *x,*y,*z;
   printf("创建 A 矩阵十字链表:\n");
   x=create_mat();
   printf("创建 B 矩阵十字链表:\n");
   y=create_mat();
   printf("输出结果矩阵:\n");
   z=mat_add(x,y);
   visit(z); /*算法调用*/
   return 0;
}
```

运行结果如图 6.17 所示。

图 6.17 稀疏矩阵相加问题运行结果

# 小　结

本章主要介绍了与数组有关的内容。数组是线性表的推广。一维数组可看成是一种定长的线性表，而多维数组可以看成是由多个定长的线性表组成的。二维数组最常用，它对应着一种结构，即矩阵。实际使用过程中，用到的矩阵往往很大，而且有时会出现一些特殊矩阵。这一章主要介绍了常用的三角矩阵、对称矩阵、稀疏矩阵和带状矩阵，由于它们的数据元素的特殊性，详细讨论了如何进行压缩存储。这是本章的重点，也是难点，应该掌握。同时，介绍了与广义表有关的概念、存储结构和运算。最后，通过矩阵鞍点问题和稀疏矩阵相加问题，介绍了数组在实际生活中的应用。

# 知 识 巩 固

## 一、填空题

1. 二维数组 M 的每个元素是 6 个字符组成的串，行下标 i 的范围从 0 到 8，列下标 j 的范围从 1 到 10，则存放 M 至少需要_____个字节；M 的第 8 列和第 5 行共占_____个字节。

2. 稀疏矩阵一般的压缩存储方法有两种，即_____和_____。

## 二、选择题

1. 数组 A 中，每个元素的长度为 3 个字节，行下标 i 从 1 到 8，列下标 j 从 1 到 10，从首地址 SA 开始连续存放的存储器内，该数组按行存放，元素 A[8][5]的起始地址为（　　）。

　　A. SA+141　　　B. SA+144　　　C. SA+222　　　D. SA+225

2. 数组 A 中，每个元素的长度为 3 个字节，行下标 i 从 1 到 8，列下标 j 从 1 到 10，从首地址 SA 开始连续存放的存储器内，该数组按行存放，元素 A[5][8]的起始地址为（　　）。

　　A. SA+141　　　B. SA+180　　　C. SA+222　　　D. SA+225

3. 若声明一个浮点数数组如下：float　average[]=new float[30]；假设该数组的内存起始位置为 200，则 average[15]的内存地址是（　　）。

　　A. 214　　　　　B. 215　　　　　C. 260　　　　　D. 256

4. 设二维数组 A[1…m,1…n]按行存储在数组 B 中，则二维数组元素 A[i,j]在一维数组 B 中的下标为（　　）。

　　A. n*(i-1)+j　　B. n*(i-1)+j-1　　C. i*(j-1)　　　　　D. j*m+i-1

5. 有一个 100×90 的稀疏矩阵，非 0 元素有 10 个，设每个整型数占 2 个字节，则用三元组表示该矩阵时，所需的字节数是（　　）。

　　A. 20　　　　　B. 66　　　　　C. 18 000　　　　D. 33

6. 数组 A[0…4，-1…3，5…7]中含有的元素个数是（　　）。

　　A. 55　　　　　B. 45　　　　　C. 36　　　　　D. 16

7. 对矩阵进行压缩存储是为了（　　）。

　　A. 方便运算　　B. 方便存储　　C. 提高运算速度　　D. 减少存储空间

8. 设有一个 10 阶的对称矩阵 A，采用压缩存储方式，以行序为主存储，$a_{11}$ 为第一个元素，其存储地址为 1，每个元素占 1 个地址空间，则 $a_{85}$ 的地址为（　　）。

  A．13    B．33    C．18     D．40

 9．稀疏矩阵一般的压缩存储方式有两种，即（　　）。

  A．二维数组和三维数组   B．三元组和散列

  C．三元组和十字链表   D．散列和十字链表

### 三、简答题

  如果用低下标优先存储整数数组 A[2][4][5]，假设每个整数占 2 个字节，第一个元素的字节地址是 100，试给出下列元素的存储地址：A[0][3][2]，A[1][2][3]，A[1][1][4]，A[1][3][2]。

# 实 训 演 练

 1．写一个程序，输出 10 个整型的数据。

 2．求下列数列的前 20 项和。

  1，3，5，7，…

 3．求斐波那契数列的前 20 项的值。

 4．写一个算法，输出如下的杨辉直角三角形。

$$
\begin{array}{l}
1 \\
11 \\
121 \\
1331 \\
14641 \\
\cdots
\end{array}
$$

 5．写出 $n$ 阶（$n$ 为奇数）的魔方阵完整程序。例如，3 阶的魔方阵为

$$
\begin{bmatrix}
8 & 1 & 6 \\
3 & 5 & 7 \\
4 & 9 & 2
\end{bmatrix}
$$

 6．假定数组 a 中有多个零元素，试写一个函数，将 a 中所有的非零元素依次移到数组 a 的前端。

 7．从顺序表中删除第 i 个元素并由函数返回被删元素的值。如果 i 不合理或顺序表为空，则显示出错信息并退出运行。

 8．写一个算法，实现矩阵的转置。

第 7 章

树

线性表、栈、队列、数组和串等数据结构表达和处理的数据是以线性结构为组织形式的。在计算机科学和计算机应用的各种领域中,存在着大量需要用更复杂的非线性结构表示的数据。因此,必须研究非线性结构及相应的数据结构。树形结构就是这些更复杂的结构中最重要也是最常用的一类。

本章主要介绍树、二叉树、哈夫曼树及它们的存储结构和运算。

**本章重点:**

● 树的概念和存储结构

● 二叉树的概念及存储结构

● 二叉树的遍历及算法

● 树、森林和二叉树之间的转换

● 哈夫曼树的概念及应用

**本章难点:**

● 二叉树的遍历算法

# 7.1 树的定义及基本概念

树结构是一种重要的非线性数据结构。直观地看,树是一种以分支关系定义的层次结构。树结构在客观世界中广泛存在,如人类社会的族谱和各种社会组织机构都可用树来形象地表示。下面主要介绍树的定义和树的存储结构。

## 7.1.1 树的定义

人类社会中家族成员之间的血统关系可以表示成一个树结构。图 7.1(a)是描述"老王"家族的成员及血统关系的树结构。其中,"老王"有两个孩子(儿子或女儿)"王一"和"王二"。"王一"有两个孩子"王一一"和"王一二"。"王二"有一个孩子"王二一"。

这张图看上去很像一棵倒置的树。"树结构"这个名称由此得来。

由图 7.1 看出,"老王"家族可以分为三个部分:"老王"自己;"王一"家族(见图 7.1(b));"王二"家族(见图 7.1(c))。而"王一"家族和"王二"家族同样可以按上述方法进行分解。可以看出,由这种分解得到的"小家族"仍保持树形结构。

图 7.1　描述家成员的血统关系的树结构示意图

树（Tree）是 $n$（$n>0$）个结点的有穷集合，满足以下条件：

① 有且只有一个称为根的结点；

② 其余结点分为 $m$（$m\geq0$）个互不相交的非空集合 $T_1$，$T_2$，…，$T_m$，这些集合中的每一个结点又都是一棵树，称为根的子树。这些集合 $T_1$，$T_2$，…，$T_m$ 之间是互斥集合，即各子树之间不准有任何关系。树一般分为两种结构，分别是自上而上和自下而上结构。一般情况下，采用自上而下结构表示树。

图 7.2 所示表示的结构就是一棵树。

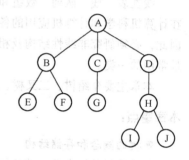

图 7.2　树

### 7.1.2　树的基本术语

树有很多专用术语，下面以图 7.2 为例介绍树的常用术语。

根结点：树中最顶端的数据元素。图 7.2 中的根结点为 A。

结点：树中每一个数据元素。如 A、B、C、D、E、F、G、H、I 和 J。

结点的度：结点所拥有子树的数目。例如：A 结点的度为 3，B 和 H 结点的度为 2，C 和 D 结点的度为 1，其余结点的度为 0。

终端结点（又称叶子结点）：度为 0 的结点。例如：E, F, G, I, J 结点的度为 0，它们都是叶子结点。

非终端结点：度不为 0 的结点。例如：A, B, C, D, H 的度不为 0，它们都是非终端结点。

结点的层数：树中结点的关系，一代为一个层数。树中根结点的层数为 1，根结点子树的层数为 2，依此类推。例如：A 结点的层数为 1，B, C, D 结点的层数为 2，E, F, G, H 结点的层数为 3。

树的度：树中所有结点的度的最大值。图 7.2 所示树的度为 3。

树的深度：树中所有结点的层数的最大值。图 7.2 所示树的深度为 4。

有序树与无序树：若树中每棵子树从左向右的排列拥有一定的顺序（不得互换），则称为有序树，否则称为无序树。

森林：由 $m$（$m\geq0$）棵互不相交的树组成的集合。

孩子、双亲：称一棵树的根结点为它的所有子树的双亲（又称前驱结点），称子树的根结点是它的双亲的孩子（又称后继结点）。例如：A 是 B, C, D 的双亲，B, C, D 是 A 的孩子。

子孙：以某结点为根的子树中的所有结点都称为该结点的子孙。例如：H, I, J 称为 D 的子孙。

祖先：从根结点到该结点路径上的所有结点。例如：从 A 结点到 I 结点经过 A, D, H 三个结点，所以，I 结点的祖先有 A，D，H。

兄弟：树中具有相同双亲的结点互为兄弟。例如：B，C，D 三个结点的双亲都是 A，所以 B，C，D 是兄弟。

堂兄弟：双亲在同一层的结点互为堂兄弟。例如：F，G，H 的双亲在同一层上，因此它们是堂兄弟。

### 7.1.3 树的存储结构

树是一种非线性结构，因此，不能简单地用一维数组或单链表来存储树中的各个结点。为了更好地存储树，必须把树中各结点之间存在的双亲、孩子、兄弟等关系反映在存储结构中，才能如实地表现一棵树。下面以存储图 7.3 所示的树为例介绍树的存储结构。

图 7.3　树

#### 1. 树的顺序存储结构

树的顺序存储结构的类型及变量定义：

```
#define  n  10        /*树的结点个数*/
#define  m  3         /*树的度数*/
typedef struct sb     /*树的结点存储定义*/
{ char data;
   int child[m];
} node;
   node tree[n];
```

在此类型和变量定义下，图 7.3 所示的树的顺序存储结构如图 7.4 所示（–1 表示不存在）。

| tree | data | child[0] | child[1] | child[2] |
|---|---|---|---|---|
| 0 | A | 1 | 2 | 3 |
| 1 | B | 4 | 5 | –1 |
| 2 | C | 6 | –1 | –1 |
| 3 | D | 7 | 8 | 9 |
| 4 | E | –1 | –1 | –1 |
| 5 | F | –1 | –1 | –1 |
| 6 | G | –1 | –1 | –1 |
| 7 | H | –1 | –1 | –1 |
| 8 | I | –1 | –1 | –1 |
| 9 | J | –1 | –1 | –1 |

图 7.4　树的顺序存储结构

#### 2. 树的链式存储结构

树的链式存储结构类型及变量定义：

```
#define m 3    /*树的度数*/
typedef
struct link
{ char  data;
   struct link *child[m];
}linknode;
linknode  *T;
```

在此类型和变量定义下，图 7.3 所示的树的链式存储结构结果如图 7.5 所示。

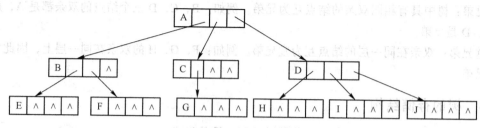

图 7.5　树的链式存储结构

利用顺序存储结构表示树，其操作方式简单，但较浪费内存，如图 7.4 中有大量的-1；利用链式存储结构表示树，较为节省空间，但因每个结点的结构不同，所以当要进行插入和删除操作时，其流程非常复杂。改进的方法是使每个结点都有相同的结构，便可简化插入和删除操作流程，但许多结点可能只用了少数的分支。二叉树的结构便是为了克服上述缺点而提出的一种应用广泛的结构。

# 7.2　二　叉　树

在树的应用中，二叉树显得尤为重要。因为处理树的很多算法中，当把树转换成二叉树时算法都变得非常简单，因此，有必要了解和掌握二叉树。下面主要介绍二叉树的定义、性质以及存储结构。

## 7.2.1　二叉树的定义

二叉树（Binary Tree）是由结点的有限集合构成的，这个有限集合或者为空集合，或者由一个根结点及两棵不相交的树组成，这两棵不相交的树分别称作这个根的左子树与右子树。

这是一个递归定义。二叉树可以是空集合，因此根可以有空的左子树或右子树，或者左右子树都为空。图 7.6 表示了二叉树的五种基本形态。

（a）空二叉树　（b）只含根结点的二叉树　（c）只有非空左子树的二叉树　（d）只有非空右子树的二叉树　（e）同时有非空左右子树的二叉树

图 7.6　二叉树的五种基本形态

## 7.2.2　二叉树的性质

二叉树具有五个重要的性质。了解这些性质，对于更好地设计二叉树的存储及操作算法具有很大的益处。

**性质 1　在二叉树的第 $i$ 层上最多有 $2^{i-1}$（$i \geqslant 1$）个结点。**

证明：用数学归纳法证明。

① 当 $i=1$ 时，二叉树第一层上只有一个结点，因此，结论成立。

② 设当 $i=k$ 时，结论成立。即第 $k$ 层上至多有 $2^{k-1}$ 个结点。

③ 当 $i=k+1$ 时，由于在二叉树中每个结点至多有两个孩子，且第 $k+1$ 层上每个结点是第 $k$ 层上某个结点的孩子，从而，第 $k+1$ 层上所含结点数 $\leq 2\times$ 第 $k$ 层上所含结点数 $\leq 2\times 2^{k-1}=2^{(k+1-1)}$，从而结论成立。

**性质 2**　深度为 $k$ 的二叉树中至多有 $2^k-1$（$k\geq 1$）个结点。

证明：由性质 1 可得出，$1\sim k$ 层最多的结点数分别为：$2^0,2^1,\cdots,2^{k-1}$。这是一个以 2 为公比的等此数列，因此，深度为 $k$ 的二叉树最多有 $2^0+2^1+\cdots+2^{k-1}=2^k-1$ 个结点，由此结论成立。

**性质 3**　对于任意一棵非空二叉树，有 $n_0=n_2+1$。（其中，$n_k$ 表示二叉树中度为 $k$ 的结点个数。）

证明：设该二叉树有 $n$ 个结点，有 $b$ 个分支数。

因为在二叉树中，所有结点的度均小于或等于 2，所以结点总数为：

$$n=n_0+n_1+n_2 \tag{1}$$

同时，在二叉树中，除根结点以外，每个结点都有一个从上向下的分支指向，所以，总的结点个数 $n$ 与分支数 $b$ 之间的关系为 $b=n-1$。又因为在二叉树中，度为 1 的结点产生 1 个分支，度为 2 的结点产生 2 个分支，所以分支数 $b$ 可以表示为 $b=n_1+2n_2$。

将该式子代入式（1）得：

$$n=n_1+2n_2+1 \tag{2}$$

由式（1）与式（2）解出：$n_0=n_2+1$。故结论成立。

利用上述性质，进一步介绍满二叉树与完全二叉树的定义。这两种二叉树是两种特殊形态的二叉树。

当一棵二叉树含有最大的结点数目时，称为满二叉树（Full Binary Tree）。假设其深度为 $k$，则含有 $2^k-1$ 个结点。从中可看出，满二叉树的特点是：每一层上的结点个数都达到最大值数目。图 7.7（a）所示的就是一棵深度 $k=4$ 的满二叉树。

二叉树中，除了最后一个层次外，其余层次都有最大的结点数，且最后一层的结点尽可能出现在左边，这样的二叉树称为完全二叉树（Complete Binary Tree）。从定义可以看出，完全二叉树的条件比满二叉树弱。图 7.7（b）所示的就是两棵深度为 4 的完全二叉树。

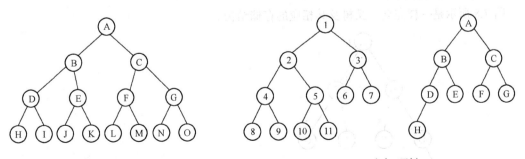

(a) 满二叉树　　　　　　　　　　(b) 完全二叉树

图 7.7　满二叉树和完全二叉树

从以上定义可以看出，任何一棵满二叉树都是完全二叉树，因此，完全二叉树所具有的性质，满二叉树也同样具有。

性质4　具有 $n$ 个结点的完全二叉树的深度为 $\lfloor \log_2 n \rfloor +1$。

证明：设完全二叉树的高度为 $h$，则有

$$2^{h-1}-1<n\leq 2^h-1$$

推出　　　　　　　　　　　　　　　 $$2^{h-1}\leq n<2^h$$

取对数　　　　　　　　　　　　　　 $$h-1\leq \log_2 n<h$$

性质5　如果将一棵有 $n$ 个结点的完全二叉树自顶向下、同一层自左向右连续给结点编号为 1,2, …, $n$-1,$n$，然后按此结点编号将树中各结点顺序地存放于一个一维数组中，并简称编号为 $i$ 的结点为结点 $i$（$1\leq l\leq n$）。则有以下关系：

① 若 $i=1$，则 $i$ 无双亲；

② 若 $i>1$，则 $i$ 的双亲为 $\lfloor i/2 \rfloor$；

③ 若 $2\times i\leq n$，则 $i$ 的左子女为 $2\times i$；否则，$i$ 无左子女，必定是叶子结点，二叉树中 $i>\lfloor n/2 \rfloor$ 的结点必定是叶子结点；

④ 若 $2\times i+1\leq n$，则 $i$ 的右子女为 $2\times i+1$，否则，$i$ 无右子女；

⑤ 若 $i$ 为奇数，且 $i$ 不为 1，则其左兄弟为 $i-1$，否则无左兄弟；

⑥ 若 $i$ 为偶数，且小于 $n$，则其右兄弟为 $i+1$，否则无右兄弟；

⑦ $i$ 所在层次为 $\lfloor \log_2 i \rfloor +1$。

这个性质非常有用，在完全二叉树中，利用它可以很方便地寻找某个结点的孩子或双亲。

## 7.2.3　二叉树的存储结构

二叉树一般采用两种存储结构方式：顺序存储结构与链式存储结构。下面分别介绍这两种存储结构的存储方式。

### 1. 顺序存储结构

下面从两种不同的情况分析二叉树的顺序存储结构，分别是完全二叉树的顺序存储结构和非完全二叉树的顺序存储结构。

（1）完全二叉树的顺序存储结构

完全二叉树的顺序存储结构的存储形式为：用一组连续的存储单元按照完全二叉树结点编号的顺序存放结点的内容。

图 7.8 所示是一棵完全二叉树及其相应的存储结构。

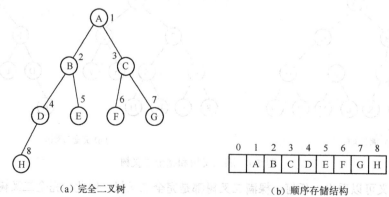

|   | 0 | 1 | 2 | 3 | 4 | 5 | 6 | 7 | 8 |
|---|---|---|---|---|---|---|---|---|---|
|   |   | A | B | C | D | E | F | G | H |

（a）完全二叉树　　　　　　　（b）顺序存储结构

图 7.8　完全二叉树的顺序存储结构

其中，数组中第 0 个单元可以根据需要留作放置其他信息用。

在 C 语言中，这种存储形式的类型及变量定义如下：

```
#define n 8          /*树的结点个数*/
char T[n+1];
```

这种存储结构的特点是空间利用率高，寻找孩子和双亲比较容易。下面给出完全二叉树在这种存储形式下的基本操作算法。

① 构造一棵完全二叉树：

```
void creattree(char T[])
{
    int k;
    for(k=1;k<=n;k++) T[k]=getchar();
}
```

② 获取给定结点的左孩子。$T$ 是完全二叉树，$m$ 是某个结点的编号。若 $m$ 结点存在左孩子，将通过函数返回左孩子结点在一维数组中的位置，否则返回 0。

```
int Leftchild(char T[],int m)
{
    if(2*m<=n) return (2*m);
    else return (0);}
```

（2）非完全二叉树的顺序存储

第一步：将非完全二叉树完全化，即少一个结点就加一个虚结点，这样就可以将非完全二叉树变为完全二叉树。

第二步：对这棵完全二叉树按照上述方法进行顺序存储。

例 7.1：图 7.9（a）是一棵二叉树，按照第一步，得到一棵完全二叉树，如图 7.9（b）所示。最后得到的顺序存储结构如图 7.9（c）所示。

(a) 二叉树　　　　(b) 完全二叉树　　　　（c）顺序存储结构

图 7.9　二叉树的顺序存储结构

## 2. 链式存储结构

在顺序存储结构中，可以利用编号表示结点的位置及结点之间孩子或双亲的关系。对于非完全二叉树，需要将空缺的位置用虚结点填补，若空缺结点多，势必造成空间利用率的下降。利用链式存储结构就可以克服这种不足。下面介绍二叉树的链式存储中常用的二叉链表。

为了表示二叉树中每个结点的完整基本情况，二叉树结点的结构定义如下：

| lchild | data | rchild |
| --- | --- | --- |

其中，lchild 和 rchild 分别是指向结点的左孩子与右孩子的指针，data 是结点的内容。二叉树的链式存储的类型及变量定义如下：

```
#define  null  0
#define  len  sizeof(bintree)
typedef  struct  node
{ char  data;
  struct  node  *lchild,*rchild;
}bintree;
bintree  *T;
```

图 7.10 所示是一棵二叉树及相应的链式存储结构。

（a）二叉树    （b）链式存储结构

图 7.10 二叉树及链式存储结构

这种存储结构的特点是寻找孩子结点方便，寻找双亲结点比较图难。因此，若要频繁地寻找双亲结点，可以在每个结点中加一个指向双亲的指针域。

# 7.3 二叉树的遍历及算法

二叉树主要的操作之一是遍历，包括前序遍历、中序遍历和后序遍历，以及层次遍历。可以采用递归和非递归的方式实现二叉树的遍历算法。下面主要介绍二叉树的遍历和算法实现。

## 7.3.1 二叉树的遍历

遍历是二叉树最重要的运算之一，它是二叉树进行其他运算的基础。所谓遍历是指按某种顺序，沿着某条搜索路线，依次对树中每个结点均做一次且只做一次访问。

二叉树的遍历方式分为两大类：一类是按根、左子树和右子树三部分的不同顺序依次进行访问；另一类是按层次进行访问。

### 1. 按根、左子树和右子树访问

二叉树由根、左子树和右子树三部分组成。若用 T 代表根，L 代表左子树，R 代表右子树，则遍历二叉树的顺序存在六种可能情况：TLR，TRL，LTR，RTL，LRT，RLT。其中，TRL、RTL 和 RLT 均是先访问右子树后访问左子树，这与人们日常生活中先左后右的习惯不同，往往不予采用。其他三种顺序 TLR、LTR 和 LRT，根据访问根次序的不同，分别被称为前序遍历、中序遍历和后序遍历。

（1）前序遍历

若二叉树为空，则结束遍历操作；否则按如下步骤访问：

第一步：访问根结点；

第二步：前序遍历根结点的左子树；

第三步：前序遍历根结点的右子树。

（2）中序遍历

若二叉树为空，则结束遍历操作；否则按如下步骤访问：

第一步：中序遍历根结点的左子树；

第二步：访问根结点；

第三步：中序遍历根结点的右子树。

（3）后序遍历

若二叉树为空，则结束遍历操作；否则按如下步骤访问：

第一步：后序遍历根结点的左子树；

第二步：后序遍历根结点的右子树；

第三步：访问根结点。

图 7.11 所示是一棵二叉树及其三种遍历得到的相应序列。

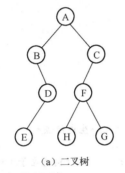

前序遍历序列：ABDECFHG
中序遍历序列：BEDAHFGC
后序遍历序列：EDBHGFCA

（a）二叉树　　　　　　　（b）三种不同遍历得到的序列

图 7.11　二叉树的三种遍历序列

**2. 按层次遍历二叉树**

二叉树具有层次结构，因此，也可以按照结点的层次顺序访问它们。具体的实现方法为：从上层到下层，每一层从左到右依次访问每个结点。图 7.12 所示给出了一棵二叉树及其按层次访问其中每个结点的遍历序列。

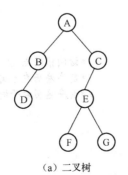

层次遍历序列：ABCDEFG

（a）二叉树　　　　　　　（b）层次遍历得到的序列

图 7.12　按层次遍历二叉树

## 7.3.2 二叉树遍历算法

下面主要讨论在链式存储结构下实现二叉树的各种遍历算法。

### 1. 二叉树的链式存储类型及变量

```
#define  null   0
#define  len  sizeof(bintree)
typedef  struct  node
  { char  data;
    struct  node  *lchild,*rchild;
  }bintree;
  bintree  *T;
```

为了能在计算机中实现二叉树的各种运算，首先必须建立二叉树。构造二叉树的二叉链表方法很多，这里介绍一个基于前序遍历的输入二叉树结点的生成算法。算法的输入是二叉树的前序遍历序列，同时，必须在其中加入虚结点以显示空指针的位置。如图 7.12 所示二叉树，其输入的序列是：ABD**EF**G**C**回车。其中以'*'字符表示虚结点，相应的构造算法为：

```
void creattree(bintree  **root)
{
  char  ch;
  ch=getchar();
  if(ch=='*')  *root=null;
    else
    {
      *root=(bintree *)malloc(len);      /*生成结点*/
      (*root)->data=ch;
      creattree( &(*root)->lchild );      /*构造左子树*/
      creattree( &(*root)->rchild );      /*构造右子树*/
    }
}
```

调用该算法时，应将待建立的二叉链表的根指针的地址作为实参。例如，设 T 是一个指针（即它的类型为 bintree * T;），则调用 creattree(& T)后，T 就指向了已构造好的二叉链表的根结点。

### 2. 二叉树的遍历算法

算法 1  二叉树的前序遍历递归算法

```
void  preorder(bintree *T)
{ if(T)
  { printf("%c",T->data);         /*访问根结点*/
    preorder(T->lchild);          /*前序遍历左子树*/
    preorder(T->rchild);          /*前序遍历右子树*/
  }
}
```

算法 2  二叉树的中序遍历递归算法

```
void  inorder(bintree *T)
{ if(T)
  { inorder(T->lchild);         /*中序遍历左子树*/
    printf("%c",T->data);       /*访问根结点*/
    inorder(T->rchild);         /*中序遍历右子树*/
```

}
}

**算法 3   二叉树的后序遍历递归算法**

```
void postorder(bintree *T)
{ if(T)
    { postorder(T->lchild);        /*后序遍历左子树*/
      postorder(T->rchild);        /*后序遍历右子树*/
      printf("%c",T->data);        /*访问根结点*/
    }
}
```

**算法 4   二叉树的层次遍历非递归算法**

二叉树的层次遍历非递归算法的基本思想主要利用了队列先进先出的基本特性。具体步骤如下：

第一步：将二叉树根结点的地址入队；

第二步：若队列不空，则出队存在 p 中，访问 p 所指的结点；

第三步：若 p 所指结点的左孩子不空，则左孩子的地址入队；

第四步：若 p 所指结点的右孩子不空，则右孩子的地址入队；

第五步：返回第二步，直到队列为空。

具体算法为：

```
void levelorder(bintree *T)
{ bintree *p,*Q[100];              /*Q 为一个存放地址的队列*/
  int front,ront;                  /*front，ront 为队列头与尾*/
  front=ront=1;Q[1]=T;
  while(front<=ront)
  { p=Q[front];front++;
    printf("%c",p->data);
    if(p->lchild)
    { ront++;Q[ront]=p->lchild; }
    if(p->rchild)
    { ront++;Q[ront]=p->rchild; }
  }
}
```

# 7.4   树、森林与二叉树的转换

前面讨论了树及二叉树的存储结构，从中可以看到，树的孩子兄弟链表结构与二叉树的二叉链表结构在物理结构上是完全相同的，只是它们的逻辑含义不同，因此，树或森林与二叉树之间必然有着密切的关系。这种关系表现在树或森林与二叉树之间有一个自然的一一对应。任何一个森林或一棵树可唯一对应到一棵二叉树；反之，任何一棵二叉树也能唯一地对应到一个森林或一棵树。下面具体介绍它们之间的转换规则。

## 7.4.1   树转换为二叉树

树中每个结点可能有多个孩子，但二叉树中每个结点最多只能有两个孩子。而且，对于一棵无序树，树中结点的各孩子的次序是无关紧要的，而二叉树中结点的左、右孩子结点是有区别的。为了避免混淆，约定树中每一个结点的孩子结点按从左到右的次序顺序编号，把树作为有序树看待。因此，如果需要把树转化为二叉树，就必须找到一种结点与结点之间至多用两个量说明的关系，这种关系体现在树中，每个结点最多只有一个最左边的孩子（长子）和一个右邻的兄弟。按照这种关系就可以很自然地将树转换成对应的二叉树。

树转换成对应的二叉树的步骤如下：

① 加线：在树中所有相邻兄弟之间加一条连线。

② 删线：对树中的每个结点，只保留其与第一个孩子结点之间的连线，删去其与其他孩子结点之间的连线。

③ 旋转：以树的根结点为轴心，将整棵树顺时针旋转一定的角度，使之结构层次分明。

从转换过程可以看出，树中的任意一个结点都对应于二叉树中的一个结点。树中某结点的第一个孩子在二叉树中是相应结点的左孩子，树中某结点的右兄弟在二叉树中是相应结点的右孩子。也就是说，在二叉树中，左分支上的各结点在原来的树中是父子关系，而右分支上的各结点在原来的树中是兄弟关系。由于树的根结点没有兄弟，所以转换后的二叉树的根结点的右孩子必然为空。

可以证明，树转换成的二叉树是唯一的。

图 7.13 给出了一棵树及其对应的二叉树。

（a）树　　　　　　　　　　（b）二叉树

图 7.13　将一棵树转化为二叉树

## 7.4.2　森林转换为二叉树

森林是若干棵树的集合。树可以转换为二叉树，森林同样可以转换为二叉树。将森林转换为二叉树的步骤如下：

① 依次将森林中的每棵树转换为二叉树。

② 第一棵二叉树不动，从第二棵二叉树开始，依次把后一棵二叉树的根结点作为前一棵二叉树根结点的右孩子，当所有二叉树连在一起后，所得到的二叉树就是由森林转换得到的二

叉树。

图 7.14（a）所示是森林，其转换成二叉树的过程如图 7.14（b）和图 7.14（c）所示。图 7.14（b）是将森林中的三棵树分别转换成二叉树，图 7.14（c）是将得到的三棵二叉树变成一棵更大的二叉树。

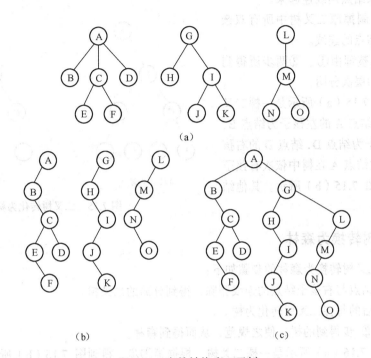

图 7.14　森林转换为二叉树

还可以用递归的方法描述上述转换过程：

将森林 $F$ 看作树的有序集 $F=\{T_1,T_2,\cdots,T_N\}$，它对应的二叉树为 $B(F)$：

（1）若 $N=0$，则 $B(F)$ 为空。

（2）若 $N>0$，二叉树 $B(F)$ 的根为森林中第一棵树 $T_1$ 的根；$B(F)$ 的左子树为 $B(\{T_{11},\cdots,T_{1m}\})$，其中 $\{T_{11},\cdots,T_{1m}\}$ 是 $T_1$ 的子树森林；$B(F)$ 的右子树是 $B(\{T_2,\cdots,T_N\})$。

根据这个递归的定义，可以很容易地写出递归的转换算法。

森林转换为树的算法：

```
bitree *FORESTTOBITREE(link *p)
{ bitree *s;
  if(p==NULL) s=NULL;
  else
   { s=malloc(sizeof(bitree));
     s->data=T[p->child].data;
     s->lchild=FORESTTOBITREE(T[p->child].headptr);
     s->rchild=FORESTTOBITREE(p->next);
   }
  return(s);
}
```

### 7.4.3　二叉树转换为树

二叉树还原为树其实就是树转换为二叉树的逆过程。将一棵二叉树还原为树,具体方法如下:

① 加线:若某结点是其双亲的左孩子,则把该结点的右孩子、右孩子的右孩子、……都与该结点的双亲结点用线连起来。

② 删线:删掉原二叉树中所有双亲结点与右孩子结点的连线。

③ 旋转:整理由①、②两步所得到的树,使之结构层次分明。

例 7.2:图 7.15(a)所示是一棵二叉树,在二叉树中结点 A 的左孩子为结点 B,结点 B 的右孩子为结点 D,结点 D 的右孩子为结点 H,故结点 A 在树中依次有孩子 B,D,H。如图 7.15(b)所示。其他结点依此类推。

（a）二叉树　　　　（b）树

图 7.15　二叉树转化为树

### 7.4.4　二叉树转换为森林

将普通的二叉树转换为森林的步骤如下:

① 把每个结点与右孩子结点的连线删除,得到分离的二叉树。

② 把分离后的每棵二叉树转化为树。

③ 整理第② 步得到的树,使之规范,从而得到森林。

例 7.3:图 7.16(a)所示是一棵二叉树,根据第①步,得到图 7.16(b)所示分离的二叉树,通过二叉树转换成树的操作,得到图 7.16(c)所示的树。

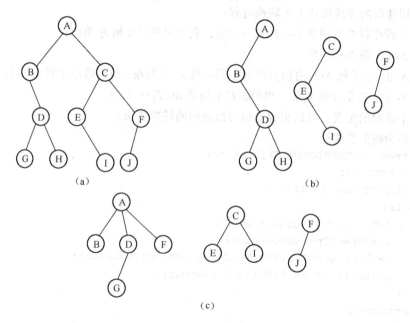

（a）

（b）

（c）

图 7.16　二叉树转化为森林

### 7.4.5 树和森林的遍历

#### 1. 树的遍历

在对树的操作过程中，有时要访问树中的各个结点，这种操作称为树的遍历。树的遍历方法有两种：前序遍历和后序遍历。

（1）前序遍历

若树 $T$ 非空，则树 $T$ 的前序遍历步骤如下：

① 访问根结点 R；

② 依次前序遍历根 R 的各子树 $T_1$，$T_2$，$\cdots$，$T_k$。

（2）后序遍历

若树 $T$ 非空，则树的后序遍历步骤如下：

① 依次后序遍历根 $T$ 的各子树 $T_1$，$T_2$，$\cdots$，$T_k$；

② 访问根结点 R。

从以上访问树的过程中可以看出：前序遍历一棵树等价于前序遍历该树对应的二叉树；后序遍历树等价于中序遍历该树对应的二叉树。

#### 2. 森林的遍历

在对森林的操作过程中，有时也要访问森林中的各个结点，这种操作称为森林的遍历。森林的遍历方法有两种：前序遍历和后序遍历。

（1）前序遍历

若森林非空，前序遍历森林的步骤如下：

① 访问森林中第一棵树的根结点；

② 前序遍历第一棵树中根结点的各子树所构成的森林；

③ 前序遍历除第一棵树外其他树构成的森林。

（2）后序遍历

若森林非空，后序遍历森林的步骤如下；

① 后序遍历森林中第一棵树的根结点的各子树所构成的森林；

② 访问第一棵树的根结点；

③ 后序遍历除第一棵树外其他树构成的森林。

从以上访问森林的过程中可以看出：前序遍历森林等同于前序遍历该森林对应的二叉树；后序遍历森林等同于中序遍历该森林对应的二叉树。

# 7.5 哈 夫 曼 树

哈夫曼树是二叉树应用中的典型应用之一，它的用途非常广泛，如可以通过它实现信息的译码，进行信息译码的过程就是利用哈夫曼算法构造出一棵哈夫曼树（这里称为译码树）。下面主要介绍哈夫曼树的概念、构造和应用。

### 7.5.1 哈夫曼树及其构造

哈夫曼（Huffman）树又称最优二叉树，是一类带权路径最短的树。构造这种树的算法最早是由哈夫曼于 1952 年提出的，这种树在信息检索中非常有用。

### 1. 基本术语

（1）路径和路径长度

若一棵树中存在着一个结点序列 $k_1$，$k_2$，…，$k_j$，使得 $k_i$ 是 $k_{i+1}$ 的双亲（$1 \leqslant i \leqslant j$），则称该结点序列是从 $k_1$ 到 $k_j$ 的路径，从 $k_1$ 到 $k_j$ 所经过的分支数称为这两个结点之间的路径长度。

（2）结点的权和带权路径长度

树中的结点赋予的一定意义的实数称为该结点的权，这个结点又称带权结点。从根结点到该结点之间的路径长度与该结点上权的乘积称为该结点的带权路径长度。

（3）树的带权路径长度

树的带权路径长度定义为树中所有叶子结点的带权路径长度之和，记为：

$$\text{WPL} = \sum_{i=1}^{n} w_t l_t$$

其中：$n$ 表示叶子结点个数，$w_i$ 与 $l_i$ 分别表示叶子结点 $k_i$ 的权和根结点到 $k_i$ 的路径长度。

（4）哈夫曼树

哈夫曼树是指 $n$ 个带权叶子结点构成的所有二叉树中，带权路径长度 WPL 最小的二叉树。

例 7.4：设有 6 个叶子结点，它们的权值分别为 3，6，9，10，7，11，构造了图 7.17 所示的三棵二叉树（还有更多二叉树）。

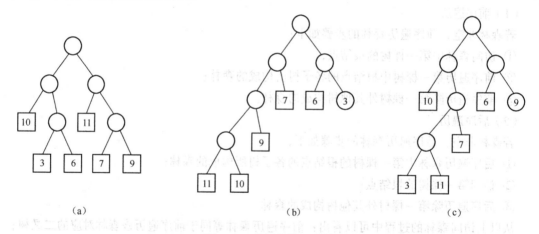

（a）　　　　　　　　　　（b）　　　　　　　　　　（c）

图 7.17　带权值的二叉树

可以计算，这三棵二叉树的带权路径长度分别为：

$$\text{WPL} = 10 \times 2 + 3 \times 3 + 6 \times 3 + 11 \times 2 + 7 \times 3 + 9 \times 3 = 117$$

$$\text{WPL} = 11 \times 4 + 10 \times 4 + 9 \times 3 + 7 \times 2 + 6 \times 2 + 3 \times 2 = 143$$

$$\text{WPL} = 10 \times 2 + 3 \times 4 + 11 \times 4 + 7 \times 3 + 6 \times 2 + 9 \times 2 = 127$$

从这三棵树中可以看出：对于同一组权值，带权的路径长度与树形及每个权值在树中的叶子结点的位置有关。其中第一棵树的权值最小，称之为哈夫曼树。若将这棵哈夫曼树中同一层的两个叶子结点交换，带权的路径长度不变，这说明哈夫曼树并不是唯一的。

根据哈夫曼树的定义，以及树的相关性质，可以得出以下结论：

① 叶子上的权值均相同时，完全二叉树一定是最优二叉树，否则完全二叉树不一定是最优二叉树。

② 最优二叉树中，权越大的叶子离根越近。

③ 最优二叉树的形态不唯一，WPL 最小。

### 2. 构造最优二叉树

构造最优二叉树的具体步骤如下：

① 将给定的 $n$ 个权值 $\{w_1, w_2, \cdots, w_n\}$ 作为 $n$ 个根结点的权值构造一个具有 $n$ 棵二叉树的森林 $F=\{T_1, T_2, \cdots, T_n\}$，其中每棵二叉树 $T_i$（$1 \leqslant i \leqslant n$）都只有一个权值为 $w_i$ 的根结点，其左、右子树均为空；

② 在森林 $F$ 中选出两棵根结点的权值最小的树作为一棵新树的左、右子树，且置新树的附加根结点的权值为其左、右子树上根结点的权值之和；

③ 从 $F$ 中删除这两棵树，同时把新树加入 $F$ 中；

④ 重复②和③，直到 $F$ 中只有一棵树为止。

例 7.5：设一组权值为 $\{7, 5, 2, 4\}$，图 7.18 所示为利用这组权值构造哈夫曼树的过程。

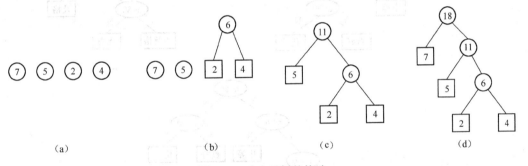

图 7.18 哈夫曼树的构造

## 7.5.2 哈夫曼树的应用

### 1. 判定问题

在问题的处理过程中，需要进行大量的条件判断，这些判断结构的设计直接影响程序的执行效率。例如，编制一个程序，将百分制转换成五个等级输出。可能绝大部分读者都认为这个程序很简单，并且短时间内就可以用下列形式编写出来：

```
if(x<60) printf ("不及格");
    else if(x<70) printf("及格");
        else if(x<80) printf("中等");
            else if(x<90) printf("良好");
                else printf("优秀");
```

这个判定过程可以用图 7.19（a）所示的二叉树表示。

若上述程序需要反复使用，而且每次输入数据量很大，则应考虑上述程序段的质量问题，即其运算所需的时间。在实际使用时，学生的成绩在五个等级上的分布是不均匀的，设其分布规律如表 7.1 所示。

表 7.1 成绩分布表

| 分数段 | 0~59 | 60~69 | 70~79 | 80~89 | 90~100 |
|---|---|---|---|---|---|
| 比例数 | 0.05 | 0.15 | 0.40 | 0.30 | 0.10 |

由表 7.1 可见,80% 以上的数据需进行三次或三次以上的比较才能得出结果。假定以 5, 15, 40, 30 和 10 为权,构造一棵有五个叶子结点的哈夫曼树,则可得图 7.19(b)所示的判定过程。它可使大部分数据经过较少的比较次数,即得到结果。但由于判定框都有两次比较,将这两次比较分开,得到图 7.19(c)所示的判定树,按此判定树可写出相应的程序。假设有 10 000 个输入数据,按图 7.19(a)所示的判定过程进行运算,则总共需要进行 31 500 次比较;而按图 7.19(c)的判定过程进行运算,总共仅需 22 000 次比较。

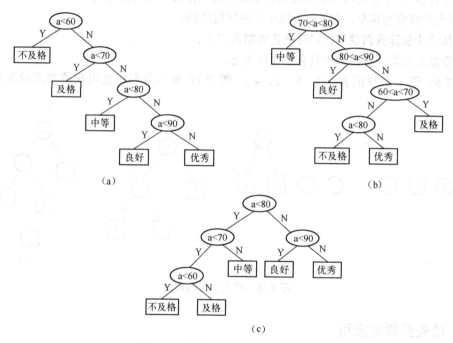

图 7.19 转换五级分制的判断过程

## 2. 编码问题

在现代信息系统中,信息的传输和存储需要将不同的信息形式进行二进制编码,即用不同排列的 0、1 二进制编码表示各种信息。例如,为了节约存储空间及提高传输效率,在进行编码时,必须满足以下两个原则:

① 编码与译码必须具有唯一性;

② 二进制编码应尽可能短。

哈夫曼编码的设计步骤如下:

① 利用字符集中每个字符的使用频率作为权构造一棵哈夫曼树;

② 从根对点开始,为到每个叶子结点路径上的左分支赋予 0,右分支赋予 1,并从根到叶子方向形成该叶子结点的编码。

例如,传递的电文是 "ABACCDA",它仅由 A,B,C,D 四种不同字符组成,其频率依次

为 {3，1，2，1}。以此为例设计的哈夫曼编码如图 7.20 所示。

根据示意图，每个字符的编码规律如下：

| 字符 | 字符的使用频率 | 编码 |
|---|---|---|
| A | 3 | 0 |
| B | 1 | 10 |
| C | 2 | 110 |
| D | 1 | 1111 |

图 7.20　设计哈夫曼编码示意图

因此，要传递的电文 "ABACCDA" 的编码为 010011011011110。

# 7.6　经典应用实例

树与现实生活密切相关。下面介绍树在两个方面的应用实例。一个实例是二叉树的一些基本操作，包括计算叶子结点的数目，计算二叉树的高度，以及交换二叉树的左右子树。另一个应用实例是信息编码，例如，进行快速远距离通信的手段之一——电报，将需传送的文字转换成由二进制的字符组成的字符串。

## 7.6.1　二叉树的操作

### 1. 问题描述

在有关求解二叉树的问题中，经常会对二叉树进行各种不同的操作。本小节介绍其中三种常见的操作。

① 计算一棵二叉树的叶子结点数目。要计算叶子结点的数目，必须对二叉树中的每一个结点进行考察，看其左、右孩子是否均为空，若是则为叶子结点，这样就需要对二叉树进行遍历，所以只要在二叉树遍历算法的基础上加以改进即可。

② 交换二叉树的左右子树。该操作需要使用二叉树的遍历。二叉树的遍历有三种方法，这里更适合使用二叉树的后序遍历思想。因为使用前序或中序遍历思想可能会使已交换的左、右子树被重新交换回来。

③ 求二叉树的深度。二叉树的深度为左二叉树的深度加 1 或为右二叉树的深度加 1，通常情况下，选择深度大的二叉树进行加 1 的操作。在这个过程中需要使用后序遍历。

### 2. 数据结构分析

```
typedef struct node
{ char data;
  struct node *lchild,*rchild;
}bintree;/*二叉树的链式存储类型*/
```

### 3. 实体模拟

求图 7.21 所示二叉树的深度过程如下：

h=hight(A)=hight(B)+1
⇒hight(B)=hight(C)+1
⇒hight(C)=hight(D)+1
⇒hight(D)=hight(G)+1

$\Rightarrow$hight(G)=hight(H)+1
$\Rightarrow$hight(H)=hight(I)+1
$\Rightarrow$hight(I)=hight(null)+1

hight(null)=0
$\Rightarrow$hight(I)=0+1
$\Rightarrow$hight(H)=1+1=2
$\Rightarrow$hight(G)=hight(H)+1=2+1=3
$\Rightarrow$hight(D)=hight(G)+1=3+1=4
$\Rightarrow$hight(C)=hight(D)+1=4+1=5
$\Rightarrow$hight(B)=hight(C)+1=5+1=6
$\Rightarrow$h=hight(A)=hight(B)+1=6+1=7

### 4. 算法实现

```c
#include "stdio.h"
#include <malloc.h>
#define null 0
#define len sizeof(bintree)
typedef struct node
{ char data;
   struct node *lchild,*rchild;
}bintree;                        /*二叉树的链式存储类型*/
int count=0;
/*计算一棵二叉树的叶子结点数目*/
void leafbintree( bintree *T)
{ if(T)
   { if(T->lchild==null && T->rchild==null) count++;
     leafbintree(T->lchild);
     leafbintree(T->rchild);
   }
}
/*求二叉树的深度*/
 int hight(bintree *T)
{ int h1,h2;                     /*h1,h2分别用来存放左和右子树的深度*/
   if(T==null) return (0);
      else
      { h1=hight(T->lchild);
        h2=hight(T->rchild);
        if(h1>=h2) return(h1+1);
        else return (h2+1);
      }
   }
/*交换二叉树的左右子树*/
void changleftrigh(bintree *T)
 { bintree *p;
   if(T)
   { changleftrigh(T->lchild);
     changleftrigh(T->rchild);
     p=T->lchild;T->lchild=T->rchild;T->rchild=p;
   }
 }
```

```
/*创建二叉树*/
void creattree( bintree **root)
{
 char ch;
 ch=getchar();
 if(ch=='.')
   *root=null;
 else
 {
    *root=(bintree *) malloc(len);
    (*root)->data=ch;
    creattree(&(*root)->lchild );
    creattree(&(*root)->rchild );
      }
}
/*二叉树的前序遍历递归算法*/
 void preorder (bintree *T)
 { if(T)
   {printf("%c",T->data);
    preorder(T->lchild);
    preorder(T->rchild);
    }
    }
/*二叉树的中序遍历递归算法*/
 void inorder(bintree *T)
 { if(T)
   { inorder(T->lchild);
     printf("%c",T->data);
     inorder(T->rchild) ;
   }
 }
```

## 5. 源程序及运行结果

源程序代码：

```
/*此处插入 4 中的算法*/
int main()
{
 bintree *T; int h;
 printf("\n 输入二叉树为: ");
 creattree(&T);
 leafbintree(T);
 printf("\n 该二叉树的叶子数目为:%d\n",count);
 h=hight(T);
 printf("\n 该二叉树的深度为:%d\n",h);
 changleftrigh(T);
 printf("\n 输出交换该二叉树的左, 右子树后的二叉树的前序遍历为: ");
 preorder (T);
 printf("\n 输出交换该二叉树的左, 右子树后的二叉树的中序遍历为: ");
 inorder (T);
 printf("\n");
 return 0;
 }
```

输入图 7.21 所示的二叉树，输出的树的形式如图 7.22 所示，输出即运行结果如图 7.23 所示。

图 7.21　二叉树　　　　　　　　图 7.22　二叉树

图 7.23　二叉树操作问题运行结果

## 7.6.2　信息编码

### 1. 问题描述

在电报通信中，电文是以二进制的 0、1 序列传送的。在发送端，需要将电文中的文字转化为对应的字符，再转化为二进制的 0、1 序列（编码），在接收端则要将收到的 0、1 串转化为对应的字符序列（译码）。这就是传输系统中常见的信息编码（Information Code）问题。

### 2. 数据结构分析

信息编码使用哈夫曼编码。因此，在这个问题中，涉及的数据有输入的字符串和转化后的字符串，同时，还要根据输入的字符串出现的频率构造哈夫曼树，从而将字符转化为对应的二进制序列。

数据类型及结构描述如下：

```
typedef struct HTNode
{
  int weight;
```

```
        int parent,lchild,rchild;
      }HTNode;
       char a[100];                        /*存放输入的字符串*/
       char b[100];                        /*存放查找后的字符串*/
       int c[100];                         /*存放 b 中对应字符的出现频率*/
       int n;                              /*总字符的个数*/
       HTNode  HT[100];                    /*哈夫曼树*/
       char HC[20][100];                   /*编码数组*/
```

### 3. 实体模拟

从键盘输入字符串 "casbcatbsatbat"，输出它们的哈夫曼编码。模拟过程如下：

（1）统计字符

统计字符串中有多少个不同的字符以及每个字符的使用频率，如图 7.24 所示。

| 字符 | 字符的使用频率 |
|---|---|
| c | 2 |
| a | 4 |
| s | 2 |
| b | 3 |
| t | 3 |
| 不同的字符 | $n=5$ |

图 7.24  统计字符

（2）构造哈夫曼树

以权值{2，4，2，3}构造哈夫曼树，该哈夫曼树中有 $m=2×n-1=9$ 个结点。

每个结点中有双亲、左孩子、权值、右孩子四个信息。用一维数组存放哈夫曼树，如图 7.25 所示。

| 双亲 | | |
|---|---|---|
| 左孩子 | 权值 | 右孩子 |

图 7.25  存放哈夫曼树的一维数组

第一步：哈夫曼树的初始化，如图 7.26 所示。

| 1 | 2 | 3 | 4 | 5 | 6 | 7 | 8 | 9 |
|---|---|---|---|---|---|---|---|---|
| 0 | 0 | 0 | 0 | 0 | 0 | 0 | 0 | 0 |

| 0 | 2 | 0 | 0 | 4 | 0 | 0 | 2 | 0 | 0 | 3 | 0 | 0 | 3 | 0 | 0 | 0 | 0 | 0 | 0 | 0 | 0 | 0 | 0 | 0 | 0 | 0 |
|---|---|---|---|---|---|---|---|---|---|---|---|---|---|---|---|---|---|---|---|---|---|---|---|---|---|---|

图 7.26  初始化

其中，双亲为 0 表示无双亲，左孩子为 0 表示无左孩子，右孩子为 0 表示无右孩子。

第二步：生成第 $k=n+1=6$ 个结点到第 $m=2×n-1=9$ 结点。

① 生成第 6 个结点：先求出第 1 个结点到第 5 个结点中无双亲结点中权值最小和次小的两个结点 s1=1，s2=3，将 s1、s2 合并为一个结点成为第 6 个结点，如图 7.27 所示。

| 1 | 2 | 3 | 4 | 5 | 6 | 7 | 8 | 9 |
|---|---|---|---|---|---|---|---|---|
| 6 | 0 | 6 | 0 | 0 | 0 | 0 | 0 | 0 |

| 0 | 2 | 0 | 0 | 4 | 0 | 0 | 2 | 0 | 0 | 3 | 0 | 0 | 5 | 0 | 1 | 4 | 3 | 0 | 0 | 0 | 0 | 0 | 0 | 0 | 0 | 0 |
|---|---|---|---|---|---|---|---|---|---|---|---|---|---|---|---|---|---|---|---|---|---|---|---|---|---|---|

图 7.27  生成第 6 个结点

② 生成第 7 个结点：先求出第 1 个结点到第 6 个结点中无双亲结点中权值最小和次小的两个结点 s1=4、s2=5，将 s1、s2 合并为一个结点成为第 7 个结点，如图 7.28 所示。

| 1 | 2 | 3 | 4 | 5 | 6 | 7 | 8 | 9 |
|---|---|---|---|---|---|---|---|---|
| 6 | 0 | 6 | 7 | 7 | 0 | 0 | 0 | 0 |

| 0 | 2 | 0 | 0 | 4 | 0 | 0 | 2 | 0 | 0 | 3 | 0 | 0 | 3 | 0 | 1 | 4 | 3 | 4 | 6 | 5 | 0 | 0 | 0 | 0 | 0 | 0 |
|---|---|---|---|---|---|---|---|---|---|---|---|---|---|---|---|---|---|---|---|---|---|---|---|---|---|---|

图 7.28　生成第 7 个结点

③ 生成第 8 个结点：先求出第 1 个结点到第 7 个结点中无双亲结点中权值最小和次小的两个结点 s1=2、s2=6，将 s1、s2 合并为一个结点成为第 8 个结点，如图 7.29 所示。

| 1 | 2 | 3 | 4 | 5 | 6 | 7 | 8 | 9 |
|---|---|---|---|---|---|---|---|---|
| 6 | 8 | 6 | 7 | 7 | 8 | 0 | 0 | 0 |

| 0 | 2 | 0 | 0 | 4 | 0 | 0 | 2 | 0 | 0 | 3 | 0 | 0 | 3 | 0 | 1 | 4 | 3 | 4 | 6 | 5 | 2 | 8 | 6 | 0 | 0 | 0 |
|---|---|---|---|---|---|---|---|---|---|---|---|---|---|---|---|---|---|---|---|---|---|---|---|---|---|---|

图 7.29　生成第 8 个结点

④ 生成第 9 个结点：先求出第 1 个结点到第 8 个结点中无双亲结点中权值最小和次小的两个结点 s1=7、s2=8，将 s1、s2 合并为一个结点成为第 9 个结点，如图 7.30 所示。

| 1 | 2 | 3 | 4 | 5 | 6 | 7 | 8 | 9 |
|---|---|---|---|---|---|---|---|---|
| 6 | 8 | 6 | 7 | 7 | 8 | 9 | 9 | 0 |

| 0 | 2 | 0 | 0 | 4 | 0 | 0 | 2 | 0 | 0 | 3 | 0 | 0 | 3 | 0 | 1 | 4 | 3 | 4 | 6 | 5 | 2 | 8 | 6 | 7 | 14 | 8 |
|---|---|---|---|---|---|---|---|---|---|---|---|---|---|---|---|---|---|---|---|---|---|---|---|---|---|---|

图 7.30　生成第 9 个结点

（3）哈夫曼编码

以上面输入的字符串 "casbcatbsatbat" 中的字符 c 来说明编码的过程。

从上面的哈夫曼树知道，c 是第 1 个结点，而第 1 个结点是第 6 个结点的左孩子，第 6 个结点是第 8 个结点的右孩子，第 8 个结点是第 9 个结点的右孩子，第 9 个结点是根结点，因此，从根结点到 c 字符结点是右右左，约定：左为 0 右为 1，故字符 c 的编码为 110。字符串的编码就是字符串中每个字符的编码合并起来。

4. 算法实现

```
#include <stdio.h>
#include <malloc.h>
#include <string.h>
typedef struct Node
{
    int weight;
    int parent,lchild,rchild;
}HTNode;
char a[100];
char b[100];
int c[100],n,i;
HTNode HT[100];
/*统计原始字符串中每个字符的个数,以及有多少个不同的字符*/
```

```
void TongJi(char *a,char *b,int *c,int *n)
{
    char d[100];
    int i,j,k;
    strcpy(d,a);
    for(i=0;i<100;i++)
        c[i]=0;
    for(i=0,j=0;d[i]!='\0';i++)
    {
        if(d[i]!='0')
        {
            b[j]=d[i];
            j++;
            for(k=i;d[k]!='\0';k++)
            {
                if(b[j-1]==d[k])
                {
                    c[j-1]=c[j-1]+1;
                    d[k]='0';
                }
            }
        }
    }
    b[j]='\0';
    *n=j;
}
/*查找最小和次小的两个数*/
void Select(HTNode  HT[],int i,int *s1,int *s2)
{
    int s3=0,s4=0,s5,j,k=0;;
    for(j=1;j<=i;j++)
    {
        if(k==0&&(HT[j].parent==0))
        {
            *s1=j;
            s3=HT[j].weight;
            k++;
        }
        else
            if(k==1&&(HT[j].parent==0))
            {
                *s2=j;
                s4=HT[j].weight;
                k++;
            }
            else
                if(k>=2&&(HT[j].parent==0))
                {
                    if(s3>s4)
                    {
```

```
                                    s5=s3;s3=s4;s4=s5;
                                    s5=*s1;*s1=*s2;*s2=s5;
                            } ;
                            if((s3<=HT[j].weight)&&(s4>HT[j].weight))
                            {
                                    *s2=j;
                                    s4=HT[j].weight;
                            }
                            else
                                    if(s3>HT[j].weight)
                                    {
                                        *s2=*s1;
                                        s4=s3;
                                        *s1=j;
                                        s3=HT[j].weight;
                                    }
                    }
            }
}
/*建立哈夫曼树，以及计算原始编码*/
void HufTree(int * c,int n,HTNode HT[])
{
    char cd[100],st[100];
    int m,i,s1,s2,start,f,d,top;
    if(n>1)
    {
        m=2*n-1;
        for(i=1;i<=n;i++)
        {
            HT[i].weight=c[i-1];
            HT[i].lchild=0;
            HT[i].rchild=0;
            HT[i].parent=0;
        }
        for(i=n+1;i<=m;i++)
        {
            HT[i].weight=0;
            HT[i].lchild=0;
            HT[i].rchild=0;
            HT[i].parent=0;
        }
        for(i=n+1;i<=m;i++)
        {
            Select(HT,i-1,&s1,&s2);
            HT[s1].parent=i;
            HT[s2].parent=i;
            HT[i].lchild=s1;
            HT[i].rchild=s2;
            HT[i].weight=HT[s1].weight+HT[s2].weight;
        }
```

```
        for(i=1;i<=n;i++)
        {
          start=0;
          for(d=i,f=HT[i].parent;f!=0;)
             {if(HT[f].lchild==d)
                    cd[start++]='0';
               else
                    cd[start++]='1';
          d=f;
          f=HT[f].parent;
           }
          cd[start]='\0';
          printf(" %c 对应的编码:",b[i-1]);
          for(m=top=0;cd[m]!='\0';m++)
            st[++top]=cd[m];
          while(top)
          printf("%c",st[top--]);
          printf("\n");
        }
        }
    }
```

## 5. 源程序及运行结果

源程序代码:

```
/*此处插入 4 中的算法*/
int main()
{
 printf("请输入一个原始字符串:");
 gets(a);
 TongJi(a,b,c,&n);
 for(i=0;b[i]!='\0';i++)
     printf(" %c 字符的个数:%d\n",b[i],c[i]);
 printf("字符序列中不同字符
 的个数:%d\n",n);
 printf("\n");
 printf("每个字符的哈夫曼编
 码如下:\n");
 HufTree(c,n,HT);
 printf("\n");
 printf("哈夫曼树中的每个结
 点的基本信息: \n 双亲\t 左孩
 子\t 权值\t 右孩子\n");
 for(i=1;i<=2*n-1;i++)
  printf(" %d\t%d\t%d\t%d
 \n",HT[i].parent,HT[i].
 lchild,HT[i].weight,HT
 [i].rchild);
 return 0;
 }
```

从键盘输入字符串"casbcatbsatbat"
进行编码, 运行结果如图 7.31 所示。

图 7.31　信息编码问题运行结果

# 小　结

　　树是数据结构课程的重点和难点之一，也是学习本书后续章节的基础。本章主要介绍了以下内容：树与二叉树的定义、与树有关的一些基本概念与术语、树与二叉树的存储结构、二叉树的遍历操作（前序遍历、中序遍历、后序遍历）和按层次遍历和哈夫曼树。最后，通过二叉树的基本操作和信息编码问题，介绍了树在实际生活中的应用，并进一步加深了对二叉树的理解。

# 知 识 巩 固

### 一、选择题

1．下面关于二叉树的结点正确的是（　　　）。

　　A．二叉树中度为 0 的结点个数等于二叉树中度为 2 的结点个数加 1

　　B．二叉树中结点个数必须大于 0

　　C．完全二叉树中，任何一个结点度数或为 0，或为 2

　　D．二叉树的度 2

2．设 X 是树 $T$ 中一个非根结点，$B$ 是 $T$ 所对应的二叉树，在 $B$ 中 X 是其双亲的右孩子，下面结论正确的是（　　　）。

　　A．在树 $T$ 中，X 是其双亲的第一个孩子

　　B．在树 $T$ 中，X 一定无右边亲兄弟

　　C．在树 $T$ 中，X 一定是叶子结点

　　D．在树 $T$ 中，X 一定有左边亲兄弟

3．一棵三叉树中，已知度为 3 的结点数等于 2 的结点数，其中叶结点数为 13，则度为 2 的结点数目为（　　　）。

　　A．4　　　　　　　B．2　　　　　　　C．3　　　　　　　D．5

4．设 n，m 为二叉树上的两个结点，在中序遍历中，n 在 m 之前的条件是（　　　）。

　　A．n 在 m 的右边　　　　　　B．n 是 m 的祖先

　　C．n 在 m 的左边　　　　　　D．n 是 m 的子孙

5．对一个满二叉树，设有 $m$ 个树枝，$n$ 个结点，深度为 $h$，则（　　　）。

　　A．$n=h+m$　　　　　　　　B．$h+m=2n$

　　C．$m=h-1$　　　　　　　　D．$n=2^h-1$

6．以二叉链表作为二叉树的存储结构，在有 $n$ 个结点的二叉链表中 $n>0$，则链表中空链域的个数为（　　　）。

　　A．$2n+1$　　　　　B．$n-1$　　　　　　C．$n+1$　　　　　　D．$n-1$

7．设森林中有三棵树，若其中第一棵树、第二棵树、第三棵树的结点数分别为 $n$、$m$、$p$ 则与森林对应的二叉树中根结点的右子树上的结点数为（　　　）。

　　A．$n$　　　　　　B．$n+m$　　　　　　C．$p$　　　　　　D．$m+p$

8．将含有 150 个结点的完全二叉树，从根这一层开始，每一层从左到右依次对结点进行

编号，根结点编号为 1，则编号为 69 的结点的双亲为（　　　）。

    A．33　　　　　　B．34　　　　　　C．35　　　　　　D．36

9．在一棵二叉树结点的前序序列、中序序列、后序序列中，所有叶子结点的先后顺序（　　　）。

    A．都不相同　　　　　　　　B．前序与中序相同而与后序不同

    C．完全相同　　　　　　　　D．中序和后序相同而与前序不同

10．如果将给定的一组数据作为叶子的权值，所构造出的二叉树的带权路径长度最小，则该二叉树称为（　　　）。

    A．哈夫曼树　　　B．平衡二叉树　　　C．二叉树　　　D．完全二叉树

## 二、填空题

1．一棵完全二叉树采用顺序存储结构，每个结点占 4 B，设编号为 5 的元素地址为 1016，且它有左孩子与右孩子，则该左孩子与右孩子的地址分别为_____的_____。

2．深度为 $k$ 的完全二叉树，至少有_____个结点，至多有_____个结点。

3．已知一棵二叉树的先序遍历序列为 ABCDEFG，中序遍历序列为 BAEDGFC，则后序遍历序列为_____。

4．具有 256 个结点的完全二叉树的深度为_____。

5．已知一棵度为 3 的树有 2 个度为 1 的结点，3 个度为 2 的结点，4 个度为 3 的结点，则该树有_____个叶子结点。

6．如果二叉树有 20 个叶子结点，有 30 结点仅有一个孩子，则该二叉树的总结点数为_____。

7．二叉树中结点的度只能是_____、_____或_____。

8．二叉树中第 $k$ 层上至多有_____结点。

9．如果某二叉树的先序遍历与后序遍历正好相反，则该二叉树定是_____。

## 三、简答题

1．请阐述树与二叉树之间的关系及主要区别。

2．简述树、森林与二叉树转换的过程。

3．简述哈夫曼树的定义。

# 实 训 演 练

## 一、算法应用题

1．分别就图 7.32 中的树回答下列问题：

（1）哪个是根结点？

（2）哪些是叶子结点？

（3）哪个是 G 的双亲结点？

（4）哪些是 Q 的祖先结点？

（5）哪些是 I 的孩子结点？

（6）哪些是 E 的子孙结点？

（7）哪些是 E 的兄弟结点？

（8）结点 B 和 P 的层数分别是多少？

（9）写出树中所有结点的度数。

（10）树的深度是多少？树的度是多少？

（11）以结点 B 为根的子树的深度是多少？

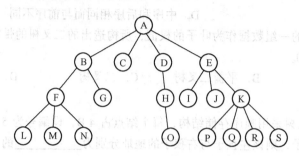

图 7.32　树

2．试画出分别满足下面条件的非空二叉树的一般形状：

（1）前序和中序相同；

（2）中序和后序相同；

（3）前序和后序相同。

3．试分别给出图 7.33 中的二叉树的前序、中序和层次遍历的结点序列。

4．将图 7.34.所示的树转化为二叉树。

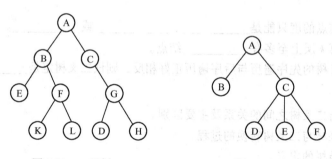

图 7.33　二叉树　　　　　　　　图 7.34　树

5．分别画出含三个结点的树与二叉树的所有不同形态。

6．已知一棵二叉树的中序序列和后序序列分别为 BDCEAFHG 和 DECBHGFA，试画出这棵二叉树。

7．设给定权值集合 $W= \{ 7，18，3，5，26，12，8 \}$，构造相应的哈夫曼树，并求出其带权的路径长度。

**二、算法设计题**

1．试编写一个算法，计算二叉树中的非终端结点个数。

2．已知一棵完全二叉树用顺序存储结构表示，请设计一个对这棵二叉树进行前序遍历的算法。

# 第8章

图

图结构可以描述各种复杂的数据对象，并被广泛应用于自然科学、社会科学和人文科学的许多学科。图结构是一种比线性结构和树形结构更复杂的数据结构。在线性结构中，数据元素之间呈线性关系，即每个元素只有一个直接前驱和一个直接后继。在树形结构中，数据元素之间有明显的层次关系，即每个结点只有一个直接前驱，但可以有多个直接后继。但是，在图结构中，每个结点不但可以有多个直接前驱，而且可以有多个直接后继。因此，树结构可以看成是图结构的一种特殊情形。

本章主要介绍图的基本概念，图的存储结构，图的遍历，最小生成树，拓扑排序及相关算法。

**本章要点：**

- 图的基本概念
- 图的存储结构
- 图的遍历
- 最小生成树
- 拓扑排序

**本章难点：**

- 图的遍历算法
- 最小生成树算法

## 8.1 基 本 概 念

在实际生产和生活中，有大量问题适合用图结构表示，从而进一步使用计算机进行处理。同时，在许多技术领域，工程技术人员都把图作为解决问题的重要手段。图是比树和线性表更为复杂的一种数据结构，下面主要介绍后续章节所要使用的图的一些基本概念。

### 8.1.1 图的实际背景

假设考虑这样一个问题：在 $n$ 个城市之间建立通信网络，使得其中的任意两个城市之间有直接或间接的通信线路。若已知每对城市之间通信线路的造价，要求找出一个造价最低的通信网络。当 $n$ 很大时，这个问题十分复杂，最好是用计算机求解。因此，首先必须找到一种适当的办法来描述问题中的数据。一种自然、直观的描述方法如下：用一个小圆圈代表一个城市；用小圆圈之间的连线代表对应两城市之间的通信线路；在线路旁边附加一个数值表示该通信线路的造价。图 8.1（a）所示为 $n=5$ 的可能的通信网络的形式。

（a）城市的通信网问题 　　　（b）一个造价最小的通信网

图 8.1　用图描述的通信网问题

图 8.1（a）所示的描述形式实际上就是一种图结构。在该图中，小圆圈称为图的"顶点"，连线称为图的"边"，连线附带的数值称为图的"边的权"。该通信网络问题借助图结构表示法后就可以被计算机处理，从而可以得到满足符合要求的造价最低的通信网络，如图 8.1（b）所示。

## 8.1.2　图的定义和术语

### 1. 图

图 $G$ 由两个集合 $V$ 和 $E$ 组成，其中 $V$ 是顶点的有穷非空集合，$E$ 是 $V$ 中顶点偶对有穷集，这些顶点偶对称为边，通常，$V(G)$ 和 $E(G)$ 分别表示图 $G$ 的顶点集合和边集合。$E(G)$ 也可以为空集。若 $E(G)$ 为空，则图 $G$ 只有顶点而没有边。

### 2. 有向图

对于一个图 $G$，若边集合 $E(G)$ 为有向边的集合，则称该图为有向图，如图 8.2（a）所示。其中，用 $<v_i, v_j>$ 表示由顶点 $v_i$ 与 $v_j$ 相连的有向边。

### 3. 无向图

对于一个图 $G$，若边集合 $E(G)$ 为无向边的集合，则称该图为无向图，如图 8.2（b）所示。其中，用 $(v_i, v_j)$ 表示由顶点 $v_i$ 与 $v_j$ 相连的无向边。

（a）有向图 　　　（b）无向图

图 8.2　有向图和无向图

### 4. 端点和邻接点

在一个图中，若存在一条边 $(v_i, v_j)$，则称 $v_i$, $v_j$ 为该边的两个端点，并称它们互为邻接点。

### 5. 起点和终点

在一个有向图中，若存在一条边$<v_i, v_j>$，则称顶点 $v_i$ 为该条边的起点，$v_j$ 为该条边的终点。

### 6. 度、入度和出度

图中每个顶点的度定义为以该顶点为一个端点的边数目，记为 $D(v)$。对于有向图，顶点 $v$ 的入度是以该顶点为终点的边的数目；出度是以该顶点为起点的边的数目，该顶点的度等于其入度和出度之和。

设一个图有 $n$ 个顶点，$e$ 条边，则顶点、边和度之间满足如下关系：

$$\sum D(v_i) = 2e$$

即任意一个图中所有顶点的度之和等于边数的二倍。

### 7. 子图

设有两个图 $G_1 = (V_1, E_1)$，$G_2 = (V_2, E_2)$，若 $V_2$ 是 $V_1$ 的子集，$E_2$ 是 $E_1$ 的子集，则称 $G_2$ 是 $G_1$ 的子图，如图 8.3（b）是图 8.3（a）的子图。

（a）图            （b）子图

图 8.3 图与子图

### 8. 无向完全图

任意两个不同结点之间有且只有一条无向边相连的图，称为无向完全图。一个有 $n$ 个顶点的完全无向图有 $n(n-1)/2$ 条边。

### 9. 有向完全图

任意两个不同结点之间有且只有两条方向相反的边相连的图，称为有向完全图，一个有 $n$ 个顶点的完全有向图有 $n(n-1)$ 条边。

### 10. 路径和路径长度

在一个无向图 $G$ 中，从顶点 $v$ 到顶点 $u$ 的路径是一个顶点序列 $v_1 v_2 \cdots v_m$，其中 $v_1 = v$，$v_m = u$，若该图是无向图，则顶点序列应满足$(v_i, v_{i+1}) \in E(G)$（$1 \leqslant i \leqslant m-1$）；若该图是有向图，则顶点序列应满足$<v_i, v_{i+1}> \in E(G)$（$1 \leqslant i \leqslant m-1$）。路径长度是指一条路径上经过的边的数目。

### 11. 简单路径

若一条路径上除了开始和结束顶点可能为同一个顶点外，其余顶点均不重复出现的路径称为简单路径。

### 12. 回路或环

若一条路径上的开始顶点和结束顶点为同一个顶点，则称该路径为回路或环。

### 13. 连通、连通图和连通分量

在无向图 $G$ 中，若从顶点心 $v_i$ 到顶点 $v_j$ 有路径相连，则称 $v_i$ 和 $v_j$ 是连通的。若图 $G$ 中任意两个顶点都连通，则称图 $G$ 为连通图，否则称为非连通图。无向图 $G$ 中的极大连通子图称为 $G$ 的连通分量。

### 14. 权和网

在一个图中，每条边可以标上具有某种含义的数值，该数值称为该边的权。边上带权的图称为带权图，又称网。图 8.1 所示均是网图。

### 15. 生成树

一个连通图的生成树，指的是含图中的全部顶点连通且无回路的子图，图 8.4（b）是图 8.4（a）的生成树。

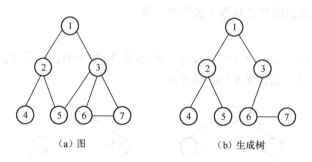

（a）图          （b）生成树

图 8.4    图与生成树

# 8.2    图的存储结构

在图的结构中，任意二个顶点之间都可能存在着联系，它比树的结构更为复杂，因此，它的存储结构或者表示方式也就有很多种。在选择图的存储结构时，通常取决于具体的应用和所定义的运算，常用的图的存储结构有两种：图的顺序存储和图的链式存储。

## 8.2.1    图的顺序存储——邻接矩阵

### 1. 非网图的邻接矩阵

设 $G=(V, E)$ 是具有 $n$ 个顶点的非网图，则图 $G$ 对应的邻接矩阵是一个 $n$ 阶方阵 $A$，该方阵中的元素为 0 或 1：当 $(v_i, v_j)$ 或 $<v_i, v_j> \in E(G)$ 时，$a_{ij}=1$；否则 $a_{ij}=0$。

图 8.5 所示是有向图及其邻接矩阵，图 8.6 所示是无向图及其邻接矩阵。

（a）有向图          （b）邻接矩阵

图 8.5    有向图及其邻接矩阵

（a）无向图          （b）邻接矩阵

图 8.6    无向图及其邻接矩阵

无向图的邻接矩阵是对称矩阵，因为当 $(v_i, v_j)$ 是图 $G$ 中的一条边时，$(v_j, v_i)$ 也必是图 $G$ 中的一条边。在无向图的邻接矩阵中，顶点 $v_i$ 的度是邻接矩阵中第 $i$ 行（或第 $i$ 列）的非零元素之和。如图 8.6（a）所示的无向图中，第 2 行或第 2 列的非零元素个数为 2，则结点 2 的度数为 2。

在有向图中，当 $(v_i, v_j)$ 是 $G$ 中的一条边时，$(v_j, v_i)$ 却不一定是图 $G$ 中的一条边，因此，有向图的邻接矩阵不一定对称。对于有向图的邻接矩阵，第 $i$ 行的非零元素之和为顶点 $v_i$ 的出度，记作 $OD(v_i)$；第 $i$ 列的非零元素之和为 $v_i$ 的入度，记作 $ID(v_i)$。如图 8.5（a）所示的有向图中，第 3 行的非零元素之和为 1，第 3 列的非零元素为 2，则 $OD(v_3) = 1$，$ID(v_3) = 2$。

因此，通过使用邻接矩阵，可以很容易地判定任意二个顶点之间是否存在边，并可以求得各个顶点的度。

### 2. 网图的邻接矩阵

设 $G = (V, E)$ 是具有 $n$ 个顶点的网图，则图 $G$ 对应的邻接矩阵是具有如下性质的 $n$ 阶方阵 $A$：

（1）当 $i = j$ 时，$a_{ij} = 0$；

（2）当 $(v_i, v_j)$ 或 $<v_i, v_j> \in E(G)$ 时，$a_{ij} = w_{ij}$；（其中 $w_{ij}$ 为边 $<v_i, v_j>$ 上的权值）其他情况时，$a_{ij} = \infty$。

图 8.7 所示是一个网图及其邻接矩阵。

（a）网图 　　　　　（b）邻接矩阵

图 8.7 网图及其邻接矩阵

### 3. 建立图的邻接矩阵算法

图的顺序存储是通过邻接矩阵形式体现出来的，不同的图应建立不同的邻接矩阵。下面主要介绍建立无向网图的邻接矩阵。

（1）无向网的邻接矩阵类型及变量定义

```
#define N  6            /*N表示图中顶点个数*/
#define  Max  10000     /*Max表示无穷大*/
int  A[N+1][N+1];       /*A表示邻接矩阵，不用0下标，故长为N+1*/
```

（2）建立无向网的邻接矩阵算法

```
void buildgraph( int A[N+1][N+1])
{   int  i,j,k,e,w;
    for(i=1;i<=N;i++)              /*矩阵初始化*/
        for(j=1;j<=N;j++)
            if(i==j) A[i][j]=0; else  A[i][j]=Max;
         scanf("%d",&e);          /*输入图的边的数目*/
         for(k=1;k<=e;k++)
         { scanf("%d%d%d",&i,&j,&w); /*输入边*/
           A[i][j]=w;A[j][i]=w;
         }
    }
```

### 8.2.2 图的链式存储——邻接表

#### 1. 邻接表

对于图 $G$ 中的每个顶点 $v_i$，该方法把所有邻接于 $v_i$ 的顶点 $v_j$ 链成一个单链表，这个单链表就称为顶点 $v_i$ 的邻接表。邻接表中每个表结点均有两个域：邻接点域（adjvex）和链域（next）。邻接点域用以存放与 $v_i$ 相邻接的顶点 $v_j$ 的序号 $j$；链域用来将邻接结点链在一起。在每个顶点 $v_i$ 的邻接表中，设置一个具有两个域的表头结点：顶点域（vertex）和指针域（link）。顶点域用来存放顶点 $v_i$ 的信息（为了方便只存放 $v_i$ 的序号 $i$）；指针域用于存入指向 $v_i$ 的邻接表中第一个表结点的头指针。为了便于随机访问任一顶点的邻接表，将所有邻接表的表头结点顺序存储在一个向量中，这样，图 $G$ 就可以由这个表头向量来表示。

对于无向图，$v_i$ 的邻接表中每个表结点都对应于与 $v_i$ 相关联的一条边；对于有向图，$v_i$ 的邻接表中每个表结点都对应于以 $v_i$ 为起点的一条边，另一种称为 $v_i$ 的逆邻接表，该表中每个表结点都对应于以 $v_i$ 为终点的一条边。

图 8.8 所示为一个无向图及对应的邻接表。图 8.5（a）所示的有向图对应的邻接表及逆邻接表如图 8.9 所示。

（a）无向图　　　　　　　　　　　　（b）邻接表

图 8.8　无向图和其邻接表

（a）邻接表　　　　　　　　　　　　（b）逆邻接表

图 8.9　有向图的邻接表及逆邻接表

#### 2. 建立邻接表算法

（1）邻接表类型及变量说明

```
#define  n  6          /*图的顶点个数*/
#define  null  0
#define  len  sizeof(point)
Typedef  struct  node
{  int  adjvex;
    struct  node  *next;
}point;
 Typedef  struct  hnode
```

```
    { int  vertex;
      point *link;
    }head;
    head  ga[n+1];                    /*邻接表向量,不用 0 下标*/
```
（2）建立无向图的邻接表算法
```
    void buildgraph(head ga[])
    {   int  i,j,k,e;
        point  *p;
        for(i=1;i<=n;i++)                 /*邻接表初始化*/
        { ga[i].vertex=i;
          ga[i].link=null;}
        scanf("%d",&e);                   /*输入图的边数目*/
        for(k=1;k<=e;k++)
        { scanf("%d%d",&i,&j);
          p=(point*)malloc(len);
          p->adjvex=j;
          p->next=ga[i].link;ga[i].link=p;
          p=(point*)malloc(len);
          p->adjvex=i;
          p->next=ga[j].link;ga[j].link=p;
        }
    }
```

# 8.3 图 的 遍 历

图的遍历（Traversing Graph）是从某个顶点出发访问图中每个结点一次且只一次。若给定的图是连通图，则从图中任一个顶点出发沿着边可以访问到该图的所有顶点。但是，图的遍历比较复杂，这是因为图中的任一顶点都可能和其余结点邻接，在访问了某个顶点之后，可能沿着某条回路又回到了该顶点。为了避免重复访问同一个顶点，必须记住每个顶点是否被访问过。因此，可以设置一个是否访问的标志值 vested[i]，它的初值为 0，当顶点 $v_i$ 被访问后，将 visted[i] 置为 1。

图的遍历是求解图的连通性问题、拓扑排序和求关键路径等算法的基础。常见的图的遍历方式有两种：深度优先搜索遍历和广度优先搜索遍历。它们对无向图和有向图都适用。

## 8.3.1 深度优先搜索遍历

### 1. 深度优先搜索的定义

深度优先搜索（Depth-First Search）的思想类似于树的前序遍历。设初始状态是图 G 中所有顶点都没有被访问，则深度优先搜索遍历的过程是从图 G 中选择某个顶点 v 出发，访问此顶点，然后依次从 v 的未被访问的邻接点出发深度优先遍历图 G，直到图 G 中所有和 v 有路径相通的顶点都被访问一次；若此时图 G 中有顶点未被访问，则可以选图 G 中一个未被访问的顶点作起始点，重复上述过程，直至图中所有顶点都被访问一次为止。

例 8.1：以图 8.10（a）所示的无向图为例说明深度优先搜索遍历过程。假定 $v_1$ 是出发点，步骤如下：

① 访问 $v_1$。

② 访问 $v_1$ 的邻接点。因为 $v_1$ 有两个邻接点 $v_2$ 与 $v_3$ 均未被访问过，在这两个顶点间任选一

个作为新的出发点,此处选择访问 $v_2$。

③ 访问 $v_2$ 的未访问过的邻接点。$v_2$ 的邻接点有 $v_1,v_4,v_5$,其中 $v_1$ 已访问过, $v_4,v_5$ 未访问。选择 $v_4$ 作为新的出发点。

④ 重复上述搜索过程,继续依次访问 $v_8,v_5$。

⑤ 访问 $v_5$ 之后,与 $v_5$ 相邻的顶点均已被访问过,这时,搜索退回到顶点 $v_8$。由于 $v_8,v_4,v_2$ 都没有未被访问的邻接点,因此,搜索过程从 $v_8$ 退回到 $v_4$,继续退回到 $v_2$,最后退回到 $v_1$。这时,选择 $v_1$ 的未被访问的邻接点 $v_3$。

⑥ 继续往下搜索,依次访问 $v_3,v_6,v_7$,直至遍历图中全部顶点。

在这个过程中,得到的深度优先搜索的顶点访问序列为: $v_1 \rightarrow v_2 \rightarrow v_4 \rightarrow v_8 \rightarrow v_5 \rightarrow v_3 \rightarrow v_6 \rightarrow v_7$。搜索过程如图 8.10(b)所示。在图 8.10(b)中,箭头指示顶点访问方向(不代表弧),带箭头旁的数字表示顶点访问的次序。

(a)无向图 $G$　　　　　　　　　(b) $G$ 的深度优先搜索过程

图 8.10　深度优先搜索过程示例

### 2. 深度优先搜索遍历算法

该算法中选择邻接表作为图的存储结构,连通图的深度优先搜索递归算法如下:

```
void Dfs(head ga[],int v)
{ point *p;
printf("%d",v);
visted[v]=1;
p=ga[v].link;
while(p)
{ if(!visted[p->adjvex])
    Dfs(ga,p->adjvex);
  p=p->next;
}
}
```

其中:数组变量 visted 为非局部量。在每一次调用 Dfs()前,需将数组 visted 的每个分量初始化为 0;ga 为图的邻接表;顶点 v 作为访问的出发顶点。

## 8.3.2　广度优先搜索遍历

### 1. 广度优先搜索定义

广度优先搜索(Breadth-First Search)的基本思想是:从图中某个顶点 $v_i$ 出发,在访问了 $v_i$ 之后依次访问 $v_i$ 的所有未访问的邻接点,然后分别从这些邻接点出发按广度优先搜索遍历图的其他顶点，直至所有顶点都被访问到。

例 8.2：以图 8.10（a）所示的无向图 $G$ 为例介绍广度优先搜索的过程。假设 $v_1$ 是起点，步骤如下：

① 访问 $v_1$。

② $v_1$ 有两个未访问的邻接点 $v_2$ 和 $v_3$，先访问 $v_2$，再访问 $v_3$。

③ 访问 $v_2$ 的未访问的邻接点 $v_4$，$v_5$。

④ 访问 $v_3$ 的未访问的邻接点 $v_6$，$v_7$。

⑤ 访问 $v_4$ 的未访问的邻接点 $v_8$。

此时，图中所有顶点均已被访问到，得到的顶点序列为：$v_1 \rightarrow v_2 \rightarrow v_3 \rightarrow v_4 \rightarrow v_5 \rightarrow v_6 \rightarrow v_7 \rightarrow v_8$。搜索过程如图 8.11（a）所示。

（a）广度优先搜索过程　　　　　　　（b）图 $G$ 的一棵生成树

图 8.11　广度优先搜索

**2. 连通图的广度优先搜索算法**

以邻接表为图的存储结构，连通图的广度优先搜索非递归算法如下：

```
void Bus(head ga[],int v)
{ squear  Q;
  point  *p; int  k;
  IntQuear(&Q);
  printf("%d",v); visted[v]=1;
   EnQuear(&Q,v);
  While(!EmptyQuear(&Q))
  { k=GetFront(&Q);
      DeQuear(&Q);
      p=ga[k].link;
      while(p)
      { if(!visted[p->adjvex])
        {  printf("%d",p->adjvex);
            visted[p->adjvex]=1;
            EnQuear(&Q,p->adjvex);
        }
          p=p->next;
      }
    }
  }
```

其中：数组变量 visted 为非局部量。在每一次调用 Bfs()前，需将数组 visted 的每个分量初始化为 0；ga 为图的邻接表；v 为访问的出发顶点。

# 8.4　生　成　树

　　若图 $G$ 是带权的连通无向图，则可以把顶点看作城市，边上的权表示两个城市之间的距离，或是两个城市之间的通信线路所花的代价，在 $n$ 个城市间最多有 $n(n-1)/2$ 条线路，如何在这些线路中选择 $n-1$ 条线路，使得各个城市可连通无回路，并且线路的总长度或者所花的总代价最小，这就是最小生成树所要解决的问题。下面介绍无向图的生成树问题，然后给出一个求解网的最小生成树算法。

## 8.4.1　最小生成树

### 1. 生成树

　　生成树是一个连通图的生成树，包含图中的全部顶点、连通且无回路的子图。图的生成树是不唯一的。含有 $n$ 个顶点的连通图的生成树，有 $n-1$ 条边。

### 2. 最小生成树

　　对于连通网图 $G=(V, E)$，$G$ 的生成树的各边也是带权的。把生成树中各边的权值总和称为生成树的权，并把 $G$ 中所有生成树中权最小的生成树称为 $G$ 的最小生成树。

　　图 8.12（a）所示是一个连通网图，8.12（b）所示是其最小生成树。

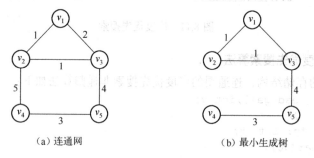

（a）连通网　　　　　　　　　　　（b）最小生成树

图 8.12　网及其最小生成树

### 3. 求最小生成树的方法

　　求一个连通网的最小生成树的方法很多，这里主要介绍三种：破圈法、普里姆法和克鲁斯卡尔法。

（1）破圈法

　　破圈法是指在图中找一条回路且删除回路中权值最大的边，然后在所得到的图中，继续找一条回路且删除回路中权值最大的边，不停地继续这种操作，直到所得图无回路为止。

　　例 8.3：求图 8.12（a）所示连通图的最小生成树。

　　通过图可以看出：$v_1 \rightarrow v_2 \rightarrow v_3 \rightarrow v_1$ 是一条回路，删除该回路上权值最大的边 $v_1v_3$，在所得图中 $v_2 \rightarrow v_3 \rightarrow v_5 \rightarrow v_4 \rightarrow v_2$ 是一条回路，删除该回路上权值最大的边 $v_4v_2$，删除这两条边后，得到的子图没有回路，该子图就是图 8.12（a）所示连通图的最小生成树，如图 8.12（b）所示。

（2）普里姆（Prime）法

　　设连通网为 $G=(V, E)$，$V$ 是图中顶点的集合，$E$ 是图中边的集合，TE 为最小生成树中的边的集合，U 为最小生成树中的点的集合，则 G 的最小生成树的 Prime 算法步骤如下：

① 初始化：U={u₀}，TE={ }。其中，$u_0 \in V$。

② 在所有 $u \in U$、$v \in V-U$ 的边(u，v)$\in E$ 中，找一条权最小的边($u_0$，$v_0$)，将此边加进集合 TE 中，并将此边的非 U 中顶点加入 U 中。

③ 如果 U=V，则算法结束；否则重复步骤②。

例 8.4：用 Prime 法构造图 8.13（a）所示连通网图的最小生成树。

第一步：U={1}，TE={ }，V={1, 3, 6, 4, 2, 5}。

第二步：所有与顶点 1 相连的边中，（1，3）边上的权最小，因此，TE={（1，3）}，U={1, 3}，如图 8.13（b）所示。

第三步：所有与顶点 1、3 相连的边中，（3，6）边上的权最小且和 TE 中的边不会构成回路，因此，TE={（1，3），（3，6）}，U={1, 3, 6}，如图 8.13（c）所示。

第四步：所有与顶点 1、3、6 相连的边中，（6，4）边上的权是最小且和 TE 中的边不会构成回路，因此，TE={（1，3），（3，6），（6，4）}，U={1, 3, 6, 4}，如图 8.13（d）所示。

第五步：所有与顶点 1、3、6、4 相连的边中，（3，2）边上的权最小且和 TE 中的边不会构成回路，因此，TE={（1，3），（3，6），（6，4），（3，2）}，U={1, 3, 6, 4, 2}，如图 8.13（e）所示。

第六步：所有与顶点 1、3、6、4、2 相连的边中，（2，5）边上的权最小且和 TE 中的边不会构成回路，因此，TE={（1，3），（3，6），（6，4），（3，2），（2，5）}，U={1, 3, 6, 4, 2, 5}，如图 8.13（f）所示。

第七步：U=V，算法结束。图 8.13（f）所示的生成树就是最小生成树。

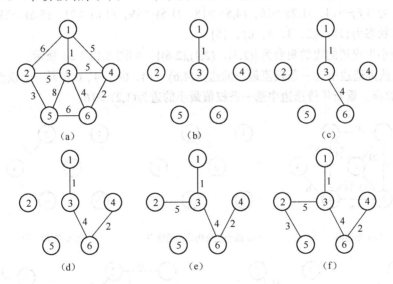

图 8.13  Prime 法构造最小生成树的过程

（3）克鲁斯卡尔（Kruskal）法

Kruskal 方法的基本思想：假设连通网 N=(V, E)，则设最小生成树的初始状态为只有 n 个顶点而无边的非连通图 T=(V, {})，图中每个顶点自成一个连通分量。在 E 中选择代价最小的边，若该边依附的顶点落在 T 中不同的连通分量上，则将此边加入 T 中，否则舍去此边而选择中另一条代价最小的边。依此类推，直至所有顶点都在同一连通分量上为止，此时 T 中恰有 n-1 条边。

例 8.5：设有连通图如图 8.14（a）所示，$N=(V,\{E\})$，最小生成树的初态为 $T=(V,\{\ \})$，如图 8.14（b）所示。

具体步骤如下：

第一步：待选的边为(2,3)->5，(2,4)->6，(3,4)->6，(2,6)->11，(4,6)->14，(1,2)->16，(4,5)->18，(1,5)->19，(1,6)->21，(5,6)->23。

顶点集合状态为{1}，{2}，{3}，{4}，{5}，{6}。

此时，最小生成树的边的集合为{ }，如图 8.14（b）所示。

第二步：从待选边中选一条权值最小的边为(2,3)->5。

待选的边变为(2,4)->6，(3,4)->6，(2,6)->11，(4,6)->14，(1,2)->16，(4,5)->18，(1,5)->19，(1,6)->21，(5,6)->23。

顶点集合状态为{1}，{2，3}，{4}，{5}，{6}。

此时，最小生成树的边的集合为{(2,3)}，如图 8.14（c）所示。

第三步：从待选边中选一条权值最小的边为(2,4)->6。

待选的边为(3,4)->6，(2,6)->11，(4,6)->14，(1,2)->16，(4,5)->18，(1,5)->19，(1,6)->21，(5,6)->23。

顶点集合状态为{1}，{2，3，4}，{5}，{6}。

此时，最小生成树的边的集合为{(2,3),(2,4)}，如图 8.14（d）所示。

第四步：从待选边中选一条权值最小的边为(3,4)->6，由于 3、4 在同一个顶点集合{2，3，4}内，故放弃。重新从待选边中选一条权值最小的边为(2,6)->11。

待选的边为(4,6)->14，(1,2)->16，(4,5)->18，(1,5)->19，(1,6)->21，(5,6)->23。

顶点集合状态为{1}，{2，3，4，6}，{5}。

此时，最小生成树的边的集合为{(2,3)，(2,4),(2,6)}，如图 8.14（e）所示。

第五步：从待选边中选一条权值最小的边为(4,6)->14，由于 4、6 在同一个顶点集合{2，3，4，6}内，故放弃。重新从待选边中选一条权值最小的边为(1,2)->16。

（a）连通网　　　　　（b）最小生成树的初始状态　　　　（c）加入边（2，3）

（d）加入边（2，4）　　　（e）加入边（2，6）　　　（f）加入边（1，2）　　　（g）加入边（5，4）

图 8.14　Kruskal 法执行过程

待选的边为(4,5)->18，(1,5)->19，(1,6)->21，(5,6)->23。

顶点集合状态为{1，2，3，4，6}，{5}。

此时，最小生成树的边的集合为{(2,3)，(2,4)，(2,6)，(1,2)}，如图 8.14（f）所示。

第六步：从待选边中选一条权值最小的边为(4,5)->18。

待选的边为(1,5)->19，(1,6)->21，(5,6)->23。

顶点集合状态为{1，2，3，4，6，5}。

此时，最小生成树的边的集合为{(2,3)，(2,4)，(2,6)，(1,2)，(4,5)}，如图 8.14（g）所示。

图 8.15 最小生成树

至此，所有的顶点都在同一个顶点集合{1，2，3，4，6，5}里，算法结束。所得最小生成树如图 8.15 所示，其代价为 5+6+11+16+18=56。

### 8.4.2 最小生成树算法

含有 $n$ 个顶点的连通图的生成树有 $n-1$ 条边。在最小生成树算法的实现中，将最小生成树的 $n-1$ 条边存放在一个向量 $T$ 中，求最小生成树的过程就是求这个向量 $T$ 的过程。

#### 1. Prime 算法

（1）数据类型及变量说明

```
#define n 6                    /*n 表示图中顶点个数*/
#define Max 10000              /*max 表示无穷大*/
int A[n+1][n+1];               /*A 表示邻接矩阵，不用 0 下标，故长为 n+1*/
typedef struct node
{ int beg,end;
  int w;
}edge;                         /*边由两端点 beg，end 与权值 w 构成*/
edge T[n];                     /*其中 T[1],…,T[n-1]就是最小生成树的 n-1 条边*/
```

（2）算法

```
void prime(int A[n+1][n+1],edge T[ ])
{    int i,j,k,m,min,v;
     edge x;
     for(i=1;i<n;i++)          /*n-1 条边的初始值*/
     { T[i].beg=n;T[i].end=i;T[i].w=A[n][i];}
     for(i=1;i<n-1;i++)
     { m=i;min=T[m].w;
       for(j=i+1;j<n;j++)      /*求最小权的边*/
         if(T[j].w<min)
         { m=j;min=T[j].w;}
         v=T[m].end;           /*最小边的另一个顶点*/
       if(m!=i)
       { x=T[m];T[m]=T[i];T[i]=x;}
       for(j=i+1;j<n;j++)
       { k=T[j].end;
         if(T[j].w>A[v][k])
         {    T[j].w=A[v][k];
```

```
                              T[j].beg=v;}
                  }
            }
      }
```

### 2. Kruskal 算法

（1）数据类型及变量说明

```
#define n 6                    /*图的顶点数*/
#define e 10                   /*图的边数*/
typedef  struct node
{ int beg,end,w;
}edge;                         /*边由两个端点和权值组成*/
edge edg[e+1],tree[n];         /*edg 数组存放图所有边，tree 数组存放最小生成树*/
```

（2）算法说明

① 对 edg 数组中边的权值从小到大排序。

② 每次都是考虑从没有加进来的边中权值最小的边，若该边依附的顶点落在 *T* 中不同的连通分量上，则将此边加入到 *T* 中，否则舍去此边而选择下一条代价最小的边。依此类推。

③ 引进一个一维数组，给每个顶点作一记号，规则是两顶点连通，记号就相同，否则记号就不同。由于没加边之前，最小生成树的初始状态为只有 *n* 个顶点，而无边的非连通图 $T=(V, \{\})$，图中每个顶点自成一个连通分量，从而初始的记号每个顶点都不一样。

```
int top[n+1];
for(k=1;k<=n;k++)    /*给每个顶点作个记号*/
    top[k]=k;
```

每次加入一条边，就是将两个不连通分量变为一个大的连通分量，即必须将这两个不连通分量的顶点的记号变为相同。

（3）算法

```
#include <stdio.h>
/*对图的边按权从小到大排序*/
void sort(edge edg[])
{ int i,j,k;
  edge s;
  for(i=1;i<e;i++)
  { k=i;
    for(j=i+1;j<=e;j++)
    if(edg[j].w<edg[k].w)k=j;
    s=edg[k];edg[k]=edg[i];edg[i]=s;
  }
}
/*输入图存放在 edg 中*/
void inp(edge edg[])
{ int  k;
  printf("please input graph edge:\n");
  for(k=1;k<=e;k++)
  scanf("%d%d%d",&edg[k].beg,&edg[k].end,&edg[k].w);
 }
/*Kruskal 算法*/
```

```
void kruskal(edge tree[])
{ int i,j,k,l;
   int top[n+1];
     for(k=1;k<=n;k++)     /*给每个顶点作个记号*/
     top[k]=k;
     j=0;
     for(i=1;i<=e;i++)
      { if(top[edg[i].beg]==top[edg[i].end]) continue;
      /*当目前最小边的两端点记号相同时，说明加进来有回路舍去*/
        j++;
        tree[j]=edg[i];
        /*当目前最小边的两端点记号不相同时，说明加进来无回路，加入*/
        l=top[edg[i].beg];
        for(k=1;k<=n;k++)
         if(top[k]==l) top[k]=top[edg[i].end];
         /*给刚刚加边的两个不连通分支中的全顶点作个记号*/
     }
 }
/*输出最小生成树*/
void print(edge tree[])
{  int k;
   printf("minimum spanning tree :\n");
   for(k=1;k<n;k++)

   printf("tree%dedgeis%3d%5d%5d\n",k,tree[k].beg,tree[k].end,tree[k].w);
 }
```

# 8.5 拓 扑 排 序

拓扑排序是有向图的重要操作之一。在一个有向图 $G$ 中，若用顶点表示活动或任务，用边表示活动（或任务）之间的先后关系，则称此有向图 $G$ 为用顶点表示活动的网络，即 AOV-网络。对 AOV-网络的顶点进行拓扑排序，就是将活动排出一个线性的顺序序列。下面介绍拓扑排序的概念、求解方法和算法。

## 8.5.1　拓扑排序的概念

在有向图 $G=(V, E)$ 中，所有顶点的一个序列 $v_{i1}v_{i2}...v_{an}$ 满足下面的条件：若在有向图 $G$ 中从顶点 $v_i$ 到顶点 $v_j$ 有一条路径，则在该序列中顶点 $v_i$ 必须在顶点 $v_j$ 之前，称该顶点序列为一个拓扑序列。求有向图的拓扑序列的过程称为拓扑排序。

例如，在工程实践中，一个工程项目往往由若干子项目组成，这些子项目间往往存在以下关系：

① 先后关系，即必须在一个子项目完成后，才能开始实施另一个项目。

② 子项目间无关系，即两个项目可同时进行，互不影响。

又如，在大学里某个专业的课程学习，有些课程是基础课，它们可以独立于其他课程，即无前导课程；有些课程必须在某些基础课学完后才能开始学。

这些问题中的项目或课程之间的关系都可以用图来进行描述。在描述过程中，把这些子项目或课程看成是图的顶点，把那些顶点间有前后关系的顶点用一条有向边连接。这样，项目的实施或课程的学习就分别构成了一个有向图。现在，需要从这些有向图中分别找出一个施工流程图或课程学习流程图，以便顺利施工和课程学习。解决这些问题就可以采用拓扑排序。

例 8.6：下面列出了计算机软件专业的课程之间存在的关系：

| 课程代号 | 课程名称 | 前导课程 |
|---|---|---|
| $C_1$ | 高等数学 | 无 |
| $C_2$ | 程序设计语言 | 无 |
| $C_3$ | 数据结构 | $C_2$ |
| $C_4$ | 编译原理 | $C_2$，$C_3$ |
| $C_5$ | 操作系统 | $C_3$，$C_6$ |
| $C_6$ | 计算机组成原理 | $C_7$ |
| $C_7$ | 普通物理 | $C_1$ |

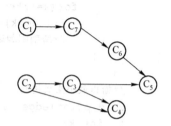

课程间的先后关系可用有向图表示，如图 8.16 所示。

对这个有向图进行拓扑排序，得到一个拓扑序列如下：$C_1$，$C_2$，$C_7$，$C_6$，$C_3$，$C_4$，$C_5$。同时，也可以得到另一个拓扑序列：$C_1$，$C_7$，$C_2$，$C_3$，$C_6$，$C_4$，$C_5$。学生按照其中任何一个拓扑序列进行学习，都可以顺利地完成课程的学习。

图 8.16　课程之间先后关系有向图

## 8.5.2　拓扑序列

对于一个给定的有向图，得到其拓扑序列的步骤如下：

① 从图中选择一个入度为 0 的顶点，并输出该顶点；

② 从图中删除该顶点及其相关联的有向边，调整被删除有向边的终点的入度（入度减 1）；

③ 重复①和②；

④ 直到所有顶点均被输出，拓扑序列完成；否则，无拓扑序列。

可以证明，任何一个无环的有向图一定有拓扑序列，有环的有向图则无拓扑序列。

## 8.5.3　拓扑排序算法

从求拓扑序列的步骤中可以看出，顶点的入度在求解过程中起着很重要的作用，因此，在图的邻接表中加入每一个顶点的入度信息。图 8.17 所示就是一个有向图及其带入度信息的邻接表。

（a）有向图　　　　　　　　（b）带入度的邻接表

图 8.17　有向图及带入度的邻接表

### 1. 有向图的带入度的邻接表的类型及变量定义

```
#define  n  6      /*图的顶点个数*/
#define  null  0
#define  len  sizeof(point)
typedef  struct  node
{ int  adjvex;
    struct  node  *next;
}point;
typedef  struct  hnode
{ int  indeg;        /*顶点的入度*/
    point  *link;
}head;
head  ga[n+1];        /*带入度的邻接表向量*/
```

### 2. 拓扑排序算法

```
void  Topsort(head ga[])
{ int  s[100],top,k,m=0;    /*s 为用来存放入度为 0 的顶点号码的栈*/
    point  *p;
    top=0;                /*栈初始化*/
    for(k=1;k<=n;k++)        /*入度为 0 的顶点入栈*/
      if(ga[k].indeg==0)
      { top++;s[top]=k;}
      while(top)
      { k=s[top];top--;
        printf("%d",k);m++;
        p=ga[k].link;
        while(p)
        { k=p->adjvex;
          ga[k].indeg--;
          if(!ga[k].indeg)
          { top++;s[top]=k;}
          p=p->next;
        }
      }
      if(m!=n) printf ("该图无拓扑序列!\n");
}
```

# 8.6  经典应用实例

在日常生活和计算机应用中，图的应用极为广泛。特别是近年来，随着计算机技术的迅速发展，图的使用已经渗透到多个领域。下面主要通过介绍两个典型实例，讨论仅利用图论的知识在计算机中实现图的操作，这两个实例分别是最短路径和教学计划编制。

## 8.6.1  最短路径

### 1. 问题描述

在计算机处理中，可以用连通网来表示 $n$ 个城市以及 $n$ 个城市间可能设置的通信线路，其中网的顶点表示城市，边表示两个城市之间的线路，赋于边的权值表示相应的代价。现在，设要从某个城市出发，浏览完所有城市，要求花费最小。这就是从某一个城市 $v_0$ 到其他各城市的最短路径（Optimal Path）问题。其中：$v_0$ 称为起点，又称源点，故称为单源最短路径。

Dijkstra（迪杰斯特拉）算法是典型的单源最短路径算法，用于计算一个结点到其他所有结点的最短路径。主要特点是以起始点为中心向外层层扩展，直到扩展到每一个点为止。具体步骤如下：

① 输入顶点个数 $n$，邻接矩阵 edges 和源点序号 $v_0$。

② 送初值：将 $v_0$ 加入集合 $S=\{v_0\}$；令 $d[j]=\text{edges}[v_0][j]$（$j=1,\cdots,n$）。

③ 重复 $n-1$ 次做：

● 在不属于集合 $S$ 的顶点 $u$ 中，选取具有最小 $d[j]$ 值的顶点 $v$；

● 将 $v$ 加入集合 $S$；

● 对不属于集合 $S$ 的顶点 $j$ 做：

```
d[j]=min{d[j],d[v]+edges[v][j]};
/*d[j]取(d[j], d[v]+edges[v][j])两个数中的最小值 */
```

所得的 $d[j]$ 就是最短路径的长度,若每次记住经过的顶点还可得到最短路径。

## 2. 数据结构分析

```
#define N 100          /*图的最大顶点个数*/
#define max 1000        /*max 表示∞*/
typedef  struct node
{ int beg,end,w;
} edge;                /*边由两个端点和权值组成*/
int n,e;               /*n表示图的实际顶点个数,e表示图的实际边的条数*/
int edges[N+1][N+1],p[N],d[N]; /*  edges[N+1][N+1]表示图的邻接矩阵*/
```

## 3. 实体模拟

设有图 8.18（a）所示的有向图，假设源点序号 $v_0=1$，即求 $v_1$ 顶点到其余各点的最短路径。其中：$d[i]$ 表示源点到本顶点 $i$ 的最短路长；$p[i]$ 表示源点到本顶点 $i$ 的最短路径上，从顶点 $i$ 逆回到源点的上一个顶点。

（a）有向图　　　　　　　　　　（b）邻接矩阵

图 8.18　有向图及邻接矩阵

步骤 1：初始化，$S=\{1\}$，$d[i]=\text{edges}[1][i]$，当 $d[i]=0$ 或 $d[i]=\text{max}$ 时 $p[i]=0$，否则 $p[i]=1$，如图 8.19 所示。

| 循环 | S集合 | 选顶点 | d[i] | | | | | p[i] | | | | |
|------|-------|--------|---|---|---|---|---|---|---|---|---|---|
| | | | 1 | 2 | 3 | 4 | 5 | 1 | 2 | 3 | 4 | 5 |
| 初始化 | 1 | | 0 | 10 | ∞ | 20 | 100 | 0 | 1 | 0 | 1 | 1 |

图 8.19 初始化

步骤 2：第一次循环，选不在集合 $S$ 中使 $d[i]$ 最小的顶点 $v=2$，将 $v$ 加入 $S=\{1,2\}$，修改不在 $S$ 中的顶点 $d[j]=\min\{d[j], d[v]+edges[v][j]\}$，本次只修改 $d[3]=40$，同时也修改 $p[3]=2$，如图 8.20 所示。

| 循环 | S集合 | 选顶点 | d[i] | | | | | p[i] | | | | |
|------|-------|--------|---|---|---|---|---|---|---|---|---|---|
| | | | 1 | 2 | 3 | 4 | 5 | 1 | 2 | 3 | 4 | 5 |
| 初始化 | 1 | | 0 | 10 | ∞ | 20 | 100 | 0 | 1 | 0 | 1 | 1 |
| 1 | 1, 2 | 2 | 0 | 10 | 40 | 20 | 100 | 0 | 1 | 2 | 1 | 1 |

图 8.20 第一次循环

步骤 3：第二次循环，选不在集合 $S$ 中使 $d[i]$ 最小的顶点 $v=4$，将 $v$ 加入 $S=\{1,2,4\}$，修改不在 $S$ 中的顶点的 $d[j]=\min\{d[j], d[v]+edges[v][j]\}$，本次只修改 $d[3]=30$，同时也修改 $p[3]=4$，如图 8.21 所示。

| 循环 | S集合 | 选顶点 | d[i] | | | | | p[i] | | | | |
|------|-------|--------|---|---|---|---|---|---|---|---|---|---|
| | | | 1 | 2 | 3 | 4 | 5 | 1 | 2 | 3 | 4 | 5 |
| 初始化 | 1 | | 0 | 10 | ∞ | 20 | 100 | 0 | 1 | 0 | 1 | 1 |
| 1 | 1, 2 | 2 | 0 | 10 | 40 | 20 | 100 | 0 | 1 | 2 | 1 | 1 |
| 2 | 1, 2, 4 | 4 | 0 | 10 | 30 | 20 | 100 | 0 | 1 | 4 | 1 | 1 |

图 8.21 第二次循环

步骤 4：第三次循环，选不在集合 $S$ 中使 $d[i]$ 最小的顶点 $v=3$，将 $v$ 加入 $S=\{1,2,4,3\}$，修改不在 $S$ 中的顶点 $j$ 的 $d[j]=\min\{d[j], d[v]+edges[v][j]\}$，本次只修改 $d[5]=50$，同时也修改 $p[5]=3$，如图 8.22 所示。

| 循环 | S集合 | 选顶点 | d[i] | | | | | p[i] | | | | |
|------|-------|--------|---|---|---|---|---|---|---|---|---|---|
| | | | 1 | 2 | 3 | 4 | 5 | 1 | 2 | 3 | 4 | 5 |
| 初始化 | 1 | | 0 | 10 | ∞ | 20 | 100 | 0 | 1 | 0 | 1 | 1 |
| 1 | 1, 2 | 2 | 0 | 10 | 40 | 20 | 100 | 0 | 1 | 2 | 1 | 1 |
| 2 | 1, 2, 4 | 4 | 0 | 10 | 30 | 20 | 100 | 0 | 1 | 4 | 1 | 1 |
| 3 | 1, 2, 4, 3 | 3 | 0 | 10 | 30 | 20 | 50 | 0 | 1 | 4 | 1 | 3 |

图 8.22 第三次循环

步骤 5：第四次循环，选不在集合 $S$ 中使 $d[i]$ 最小的顶点 $v=5$，将 $v$ 加入 $S=\{1,2,4,3,5\}$，修改不在 $S$ 中的顶点 $j$ 的 $d[j]=\min\{d[j],\ d[v]+edges[v][j]\}$，本次因无顶点满足修改条件，故不进行修改，如图 8.23 所示。

| 循环 | $S$集合 | 选顶点 | $d[i]$ | | | | | $p[i]$ | | | | |
|---|---|---|---|---|---|---|---|---|---|---|---|---|
| | | | 1 | 2 | 3 | 4 | 5 | 1 | 2 | 3 | 4 | 5 |
| 初始化 | 1 | | 0 | 10 | ∞ | 20 | 100 | 0 | 1 | 0 | 1 | 1 |
| 1 | 1，2 | 2 | 0 | 10 | 40 | 20 | 100 | 0 | 1 | 2 | 1 | 1 |
| 2 | 1，2，4 | 4 | 0 | 10 | 30 | 20 | 100 | 0 | 1 | 4 | 1 | 1 |
| 3 | 1，2，4，3 | 3 | 0 | 10 | 30 | 20 | 50 | 0 | 1 | 4 | 1 | 3 |
| 4 | 1，2，4，3，5 | 5 | 0 | 10 | 30 | 20 | 50 | 0 | 1 | 4 | 1 | 3 |

图 8.23　第四次循环

### 4. 算法实现

```c
#include "stdio.h"
#define N 100            /*图的最大顶点个数*/
#define max 1000         /*max 表示∞*/
typedef  struct node
{ int beg,end,w;
} edge;          /*边由两个端点和权值组成*/
int n,e;         /*n 表示图的实际顶点个数,e 表示图的实际边的条数*/
int edges[N+1][N+1],p[N],d[N]; /*edges[N+1][N+1]表示图的邻接矩阵*/
void creatgraph( int edges[N+1][N+1]) /*生成图的邻接矩阵*/
{  int i,j,k,w;
   printf("请输入图的顶点数目：");
   scanf("%d",&n);
   printf("请输入图的边数:");
   scanf("%d",&e);
   printf("请依次输入图的边:\n");
   for(i=1;i<=n;i++)
    for(j=1;j<=n;j++)
     if(i==j)edges[i][j]=0;
      else edges[i][j]=max;
      for(k=1;k<=e;k++)
      {
         printf("  ");
         scanf("%d%d%d",&i,&j,&w);
         edges[i][j]=w;
      }
      }
void dijst(int edges[N+1][N+1],int p[],int d[],int n)
{ int i,j,min,v,set[N+1];
   for(i=1;i<=n;i++)    /*p[], d[], set[]的初始化*/
```

```
        {
          d[i]=edges[l][i];
          set[i]=1;
          if(d[i]==max||i==1)p[i]=0;else p[i]=1;
          }
      set[1]=0;    /* set[1]＝0 表示顶点 V1 已加入集合 S*/
      for(i=1;i<n;i++)
      {
          min=2*max;
          v=0;
          for(j=1;j<=n;j++)    /* 求出不在集合 S 中使 d[j]最小的顶点 V*/
           if(set[j]&& d[j]<min)
           {  min=d[j];v=j;}
          set[v]=0;                   /* 将顶点 V 加入集合 S*/
          for(j=1;j<=n;j++)           /*修改不在 S 中的顶点 j 的 d[j]，p[j]*/
          if(set[j] && (d[v]+edges[v][j]<d[j]))
          { d[j]=d[v]+edges[v][j];p[j]=v;}
          }
      }
    void print(int p[],int d[],int n) /* 输出最短路长及最短路径*/
    {  int i,j,k,s[100],top=0;
      for(i=2;i<=n;i++)
      {
          printf("源点到各个顶点的最短路长及最短路径分别是:\n");
          printf("v1-->v%d:%d",i,d[i]);
          k=p[i];s[++top]=i;
          while(k!=1)
          {s[++top]=k;k=p[k];}
          printf("   v1");
          while(top)
            printf("-->v%1d",s[top--]);
          printf("\n");
      }
    }
```

## 5. 源程序及运行结果

源程序代码:

```
    /*此处插入 4 中的算法*/
    int main()  /*主函数*/
    {
    creatgraph(edges);
    dijst(edges,p,d,n);
    printf("源点到各个顶点的最短路径分别是:\n");
    print(p,d,n);
    return 0;
    }
```

运行结果如图 8.24 所示。

图 8.24　最短路径问题运行结果

## 8.6.2　教学计划编制

### 1. 问题描述

大学里某个专业的课程学习，有些课程是基础课，它们可以独立于其他课程，即无前导课程；有些课程必须在某些基础课程学完后才能开始学。这类问题中的数据之间的关系都可以用图描述。数据之间的关系描述出来后，如何得到一个合适的学习课程的教学安排计划呢？这就是教学中常见的教学计划编制（Teaching Plan）问题。

### 2. 数据结构分析

在解决这类问题时，首先把这些课程描述中图的顶点，把那些顶点间有前后关系的顶点用一条有向边连接。这样，课程的学习就构成一个有向图，邻接表是有向图的一种链式存储结构。因此，在该问题中，用邻接表来描述这些课程形成的有向图的结构。

在邻接表中，对图中的每个顶点建立一个单链表，第 $i$ 个单链表中的结点表示依附于顶点 $v_i$ 的边。一个有向图的带入度的邻接表存储结构可形式说明如下：

```
typedef struct node
{ int adjvex;            /*该弧所指向顶点的位置*/
  struct node *next;     /*指向下一条弧的指针*/
}point;
typedef struct hnode
{ int indeg;             /*顶点的入度*/
  point *link;
}head;
head ga[n+1];            /*带入度的邻接表向量*/
```

### 3. 实体模拟

假设有以下计算机软件专业的课程，它们之间的先后关系如下所示：

| 课程代号 | 课程名称 | 前导课程 |
|---|---|---|
| $C_1$ | 高等数学 | 无 |
| $C_2$ | 程序设计语言 | 无 |
| $C_3$ | 数据结构 | $C_2$ |

| $C_4$ | 编译原理 | $C_2$，$C_3$ |
| $C_5$ | 操作系统 | $C_3$，$C_6$ |
| $C_6$ | 计算机组成原理 | $C_7$ |
| $C_7$ | 普通物理 | $C_1$ |

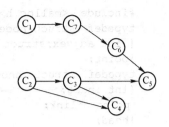

图 8.25 课程之间先后关系有向图

课程间的先后关系用有向图表示，如图 8.25 所示。

使用拓扑排序方法，找课程学习流程图步骤如下：

① 在该有向图（见图 8.26（a））中，顶点 $C_1$ 和 $C_2$ 入度为 0，则可选取其中任意一个。假设先输出顶点 $C_2$，然后删除顶点 $C_2$ 及边 $<C_2, C_3>$ 和 $<C_2, C_4>$，如图 8.26（b）所示。

② 图 8.26（b）中，顶点 $C_3$ 入度为 0，这时输出顶点 $C_3$，以及删除顶点 $C_3$ 及边 $<C_3, C_4>$ 和 $<C_3, C_5>$，如图 8.26（c）所示。

③ 图 8.26（c）中，顶点 $C_4$ 入度为 0，输出顶点 $C_4$，没有边可以删除，如图 8.26（d）所示。

④ 图 8.26（d）中，顶点 $C_1$ 入度为 0，输出顶点 $C_1$，删除顶点 $C_1$ 及边 $<C_1, C_7>$，如图 8.26（e）所示。

⑤ 图 8.26（e）中，顶点 $C_7$ 入度为 0，输出顶点 $C_7$，删除顶点 $C_7$ 及边 $<C_7, C_6>$，如图 8.26（f）所示。

⑥ 图 8.26（f）中，顶点 $C_6$ 入度为 0，输出顶点 $C_6$，删除顶点 $C_6$ 及边 $<C_6, C_5>$，如图 8.26（g）所示。

最后，输出顶点 $C_5$。

至此，得到的拓扑排序序列为：$C_2$ $C_3$ $C_4$ $C_1$ $C_7$ $C_6$ $C_5$。

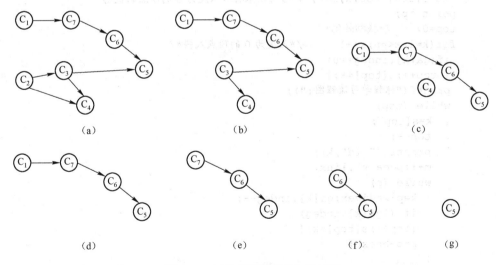

图 8.26 拓扑有序序列产生的过程

### 4. 算法实现

```
#define  n   7      /*图的顶点个数*/
#define  null  0
#define  len  sizeof(point)
#include <stdio.h>
```

```
#include <malloc.h>
typedef struct node
{ int adjvex;struct node *next;
}point;
typedef struct hnode
{int indeg;              /*顶点的入度*/
 point *link;
}head;
head ga[n+1];            /*带入度的邻接表向量*/
 /*建立有向图的带入度的邻接表算法*/
void buildgraph(head ga[])
{ int i,j,k,e;
  point *p;
  for(i=1;i<=n;i++)
  {ga[i].indeg=0;ga[i].link=null;}
  printf("请输入图的边数目: ");
  scanf("%d",&e);  /*输入图的边数目*/
  printf("请输入图的边:\n");  /*输入图的边*/
  for(k=1;k<=e;k++)
  { scanf("%d%d",&i,&j);
    ga[j].indeg++;p=(point*)malloc(len);
    p->adjvex=j;
    p->next=ga[i].link; ga[i].link=p;
  }
}
/*拓扑排序算法*/
void Topsort(head ga[])
{ int s[100],top,k,m=0; /*s 为用来存放入度为 0 的顶点的栈*/
  point *p;
  top=0;        /*栈初始化*/
  for(k=1;k<=n;k++)        /*入度为 0 的顶点入栈*/
   if(ga[k].indeg==0)
   { top++;s[top]=k;}
   printf("课程学习流程图:");
   while (top)
   { k=s[top];
     top--;
     printf (" %d",k);
     m++;p=ga[k].link;
     while (p)
     { k=p->adjvex;ga[k].indeg--;
       if (!ga[k].indeg)
       {top++;s[top]=k;}
       p=p->next;
     }
   }
  printf("\n");
  if(m!=n) printf ("该图无拓扑序列!\n");
}
```

## 5. 源程序及运行结果

源程序代码:

```
/*此处插入 4 中的算法*/
int main()   /*主函数*/
{
    buildgraph(ga);
    Topsort(ga);
    return 0;
}
```

以图 8.26 (a) 所示有向图为例，运行结果如图 8.27 所示。

图 8.27　教学计划编制问题运行结果

# 小　结

　　本章介绍了图的存储结构、图的遍历、生成树和拓扑排序。图的存储结构主要有两种：邻接矩阵与邻接表。图的遍历是指访问图中每个顶点一次且仅一次。遍历的基本方法有两种：深度优先搜索和广度优先搜索。生成树主要介绍了最小生成树及算法。拓扑排序在工程实践和活动安排中有着重要的作用，本章介绍了拓扑排序的概念和算法。最后，通过最短路径问题和教学计划编制问题，介绍了图在实际生活中的应用。

# 知 识 巩 固

## 一、填空题

1. 一个连通无向图有 5 个顶点 8 条边，则其生成树将要去掉_____条边。

2. 在树结构与图结构中，前驱和后继结点之间分别存在着_____和_____的联系。

3. 有 $n$ 个顶点的连通图中至少有_____条边。

4. 如果不知一个图是无向图还是有向图，但知道它的邻接矩阵是非对称的，那么这个图必须是_____。

5. 在无向图 $G$ 的邻接矩阵 $A$ 中，有 $A[I][J]=1$，则 $A[J][I]=$_____。

6. 无向图的邻接矩阵 $A$ 中所有元素之和表示无向图的边数的_____。

7. 无向图的邻接表中所有边表结点之和表示无向图的边数的_____。

8. 图的遍历方式一般有_____和_____两种。

9. 如果一个有向图的所有顶点可以构成一个拓扑序列，则说明该有向图_____。

10. 有向图用邻接表存储，则 $v_i$ 顶点的出度为_____。

## 二、选择题

1. 在一个无向图中，所有顶点度数之和等于所有边数的（　　）倍。

    A. 1　　　　　　　　B. 2　　　　　　　　C. 3　　　　　　　　D. 4

2. 若无向图的顶点数为 $n$，则该图最多有（　　）条边。

    A. $n-1$　　　　　B. $n+2$　　　　　C. $\dfrac{n(n-1)}{2}$　　　　　D. $\dfrac{n(n+1)}{2}$

3. （　　）的邻接矩阵是对称矩阵。

    A. 有向图　　　　　B. 无向图　　　　　C. AOV 网　　　　　D. AOE 网

4. 在有向图的邻接表存储结构中，顶点 $v$ 在链表结点出现的次数是（　　）。

    A. 顶点 $v$ 的度　　B. 顶点 $v$ 的出度　　C. 顶点 $v$ 的入度　　D. 都不对

5. 有向图 $G$ 的拓扑序列中，若顶点 $v_i$ 在顶点 $v_j$ 之前，则下列情形不能出现的是（　　）。

    A. $G$ 中有弧 $<v_i, v_j>$　　　　　　　　B. $G$ 中有一条从 $v_i$ 到 $v_j$ 的路径

    C. $G$ 中没有弧 $<v_i, v_j>$　　　　　　　D. $G$ 中有一条从 $v_j$ 到 $v_i$ 的路径

6. 在图的存储结构表示中，表示形式唯一的是（　　）。

    A. 邻接矩阵表示方法　　　　　　　　　B. 邻接表表示方法

    C. 逆邻接表表示方法　　　　　　　　　D. 邻接表与逆邻接表表示方法

7. 有 $n$ 个顶点的无向图，采用邻接矩阵表示，图中的边数等于邻接矩阵中非零元素的之和的（　　）。

    A. 一半　　　　　　B. 2 倍　　　　　　C. 3 倍　　　　　　D. 1 倍

8. 无向图 $G=(V, E)$ 其中 $V=\{a, b, c, d, e, f\}$，$E=\{(a, b)，(a, e)，(a, c)，(b, e)，(c, f)，(f, d)，(e, d)\}$ 则对该图进行深度优先遍历，得到的序列正确的是（　　）。

    A. abcedf　　　　　B. acfebd　　　　　C. aebcfd　　　　　D. aedfcb

## 三、简答题

1. 已知有向图的邻接矩阵为 $A_{n\times n}$，试问每个 $A_{n\times n}^{(k)}$（$k=1,2,3,\cdots,n$）各具有何种实际意义？

2. 对 $n$ 个顶点的无向图和有向图，采用邻接矩阵和邻接表表示时，如何判别下列有关问题？

（1）图中有多少条边？

（2）任意两个顶点 $v_i$ 和 $v_j$ 是否有边相连？

（3）任意一个顶点的度是多少？

# 实 训 演 练

## 一、综合应用题

1. 请回答下列问题；

（1）$n$ 个顶点的连通图至少要有几条边？

（2）在无向图中，所有顶点的度之和与边数有何关系？

（3）在一个有向图中，所有顶点的入度之和与所有顶点的出度之和有何关系？

（4）具有 4 个顶点的有向完全图有多少条有向边？

2．分别给出图 8.28 所示有向图 G1 的邻接矩阵、邻接表与逆邻接表。

3．分别给出图 8.29 所示图 G2 从 $v_5$ 出发按深度优先搜索遍历与广度优先搜索遍历的顶点序列。

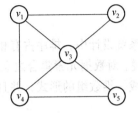

图 8.28　图 G1　　　　　　　　　　图 8.29　图 G2

4．求出图 8.30 所示图 G3 的最小生成树。

5．试编一个算法，求出一个用邻接表表示的有向图中每个顶点的入度。

6．请求出图 8.31 所示图 G4 给出的有向图所有可能的拓扑序列。

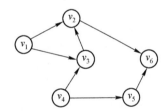

图 8.30　图 G3　　　　　　　　图 8.31　图 G4

## 二、算法设计题

1．编写算法，由依次输入的顶点数目、弧的数目、各顶点的信息和各条弧的信息建立有向图的邻接表。

2．采用邻接表存储结构，编写一个判断无向图中任意给定的两个顶点之间是否存在一条长度为 $k$ 的简单路径的算法。（注：一条路径为简单路径指的是其顶点序列中不能含有重现的顶点）

3．编写连通图的深度优先搜索非递归算法。

# 第 9 章

## 内部排序

在计算机软件系统设计中,排序占有相当重要的地位。一般数据处理工作 25% 的时间都在进行排序。简单地说,对数据元素集合建立某种有序排列的过程称为排序。为了以后讨论方便,直接将排序对象写成一维数组的形式,并且在没有声明的情形下,所有排序都按排序对象的值递增排列。

本章介绍一些常用的排序算法,包括插入排序、交换排序、选择排序和归并排序等。

**本章要点:**

- 基本概念
- 插入排序
- 交换排序
- 选择排序
- 归并排序
- 基数排序

**本章难点:**

- 各种不同的排序方法的效率分析

## 9.1 基 本 概 念

排序和查找是数据处理最基本的工作,有时为了提高查找速度,必须先对要查找的对象进行排序,排序是数据处理中一种很重要的运算。下面主要介绍与排序有关的一些基本概念。

### 1. 排序

排序(Sort)是指选取一个或多个值按照某种顺序(升序或降序)对数据进行重新排列。在排序过程中,选取的一个或多个值称为关键字。关键字一般是不唯一的,有时为了需要,可以选取多个值作为关键字,在这些关键字中能够唯一决定该结点的关键字称为主关键字,其他关键字称为次关键字。因此,若存在两个结点的主关键字相同的情况,则依据次关键字的不同得到最终的有序序列。这些待排序的数据称为排序表,排序表中的每个元素称为一条记录。

### 2. 稳定排序和不稳定排序

根据排序结束后是否改变具有相同关键字记录的相对位置,排序方法分为两种,一种是稳定排序，另一种是不稳定排序。稳定排序是指记录的相对位置在排序前后不发生变化，反之，则称该排序方法是不稳定排序。设排序对象中存在两个结点 A 和 B，在初始序列中，A 在 B 的前面并且 A 和 B 的关键字相同，经过排序后，A 结点依然在 B 结点的前面，则称这种排序方法是稳定的，否则称为不稳定的。有时为了解决问题，必须考虑这种稳定性的问题。

### 3. 内排序和外排序

根据待排序的序列是否存放在内存中，排序分为内排序和外排序，待排序的序列放在内存中的排序称为内排序，需要对外存进行访问的排序称为外排序。

内排序的方法很多，各种不同的方法也有自己的优点，因此很难确定哪种最好，可以根据实际情况选择最佳方法。根据依据的原则不同，内排序有不同的分类方法，主要有下列几种：按排序过程中所需的工作量分为简单的排序方法、先进的排序方法和基数排序；按排序过程中所依据的不同原则分为插入排序、交换排序、选择排序和合并排序；按排序是否改变结点的物理位置分为改变结点物理位置的排序和不改变结点物理位置的排序，其中不改变结点物理位置的排序又有链地址排序、利用辅助地址表的排序和计数排序等；按排序之后结点的位置分为稳定排序和不稳定排序。本章主要介绍第二类排序方法。

外排序往往针对的是大型的文件，有兴趣的同学可以参照相关读物，这一章只介绍内排序，如图 9.1 所示。

```
            ┌ 插入排序（直接插入排序、折半插入排序、希尔排序）
            │ 交换排序（冒泡排序、快速排序）
排序 ┤ 选择排序（直接选择排序、堆排序）
            │ 归并排序（二路归并排序、多路归并排序）
            └ 分配排序（多关键字排序、基数排序）
```

图 9.1　排序结构图

### 4. 时间复杂性

排序过程主要包括两个方面，一是对记录的排序码进行比较，二是记录的移动过程。因此，排序的时间复杂性往往用算法执行中的数据比较次数及数据移动次数两个方面综合衡量。若一种排序方法能够使排序过程在最坏或平均情况下所进行的比较和移动次数较少，则认为该方法的时间复杂性较好。分析一种排序方法的优劣，不仅要分析它的时间复杂性，而且要分析它的空间复杂性、稳定性和简单性等多个方面。

### 5. 记录和排序表的数据结构

在本章的讨论中，除特殊声明外，一般采用顺序结构存储排序表。记录和排序表的类型定义如下：

```
#define MAX  …              /*MAX 为足够大的数*/
typedef  struct
{ keytype   key;            /*关键字字段*/
    …                        /*其他信息*/
} datatype;
datatype  R[MAX];           /*定义排序表的存储*/
```

## 9.2　插　入　排　序

插入排序是一种最基本的排序方法，它的基本思想是：在排序的过程中，将排序对象分为两部分，一部分为待排序部分，称为无序表；另一部分为有序部分，称为有序表，每次将无序表中的第一个数据插入到有序表中，直到无序表的数据全部插入到有序表为止，这样最后所有的数据就变成了一个完整的有序表。称每一次将无序表中的一个元素插入到有序表中的过程为一趟插入。

根据插入排序的主要思想，可以将插入排序分为直接插入排序、折半插入排序、希尔排序等。

### 9.2.1 直接插入排序

#### 1. 基本思想

直接插入排序（Straight Insertion Sort）是一种简单的插入排序方法，其基本思想是指在插入的过程中，把无序表中要插入的数据与有序表的数据进行比较，将它插入到有序表中的适当位置，直至成为一个完整的有序表。

直接插入排序的步骤如下：

① 排序的初态为：无序表的数据为 $a_1$，$a_2$，$a_4$，…，$a_{n-1}$，有序表的数据为 $a_0$。

② 经过若干趟插入后，状态为：有序表的数据有 $a_0$，$a_1$，$a_2$，…，$a_i$，无序表的数据是 $a_{i+1}$，$a_{i+2}$，…，$a_{n-1}$。要将 $a_{i+1}$ 插入到 $a_0$，$a_1$，$a_2$，…，$a_i$ 中，过程如下：将 $a_{i+1}$ 首先和 $a_i$ 比较，若 $a_{i+1}$ 比 $a_i$ 小，则将 $a_i$ 向右移动，然后继续判断 $a_{i+1}$ 和 $a_{i-1}$ 的大小关系决定是否右移 $a_{i-1}$，若 $a_{i+1}$ 的值大则说明用来存放 $a_{i+1}$ 的位置已找到，并把 $a_{i+1}$ 插入到当前的空位置。

③ 不断重复过程①，直至全部数据成为一个有序表为止。

例 9.1：有初始数列为[25  52  14  8  69  36]，用直接插入排序方法将此数列变成一个有序表。过程如图 9.2 所示。

| | | | | | | |
|---|---|---|---|---|---|---|
| 初态： | [25] | [52 | 14 | 8 | 69 | 36] |
| 第1趟插入后的状态： | [25 | 52] | [14 | 8 | 69 | 36] |
| 第2趟插入后的状态： | [14 | 25 | 52] | [8 | 69 | 36] |
| 第3趟插入后的状态： | [8 | 14 | 25 | 52] | [69 | 36] |
| 第4趟插入后的状态： | [8 | 14 | 25 | 52 | 69] | [36] |
| 第5趟插入后的状态： | [8 | 14 | 25 | 36 | 52 | 69] |

图 9.2   直接插入排序实例

#### 2. 直接插入排序算法

```
void
S_insertsort(datatype a[], int n)
{                            /*对排序表a[1]..a[n-1]作直接插入排序，n是记录的个数*/
    int  i,j;
    datatype  t;
    for(i=1;i<n;i++)
    {
        t=a[i];                  /*保存待插入元素*/
        j=i-1;                   /*有序表中元素的最大位置*/
        while(t.key<a[j].key)    /*该循环语句完成确定插入位置*/
        { a[j+1]=a[j];j=j-1; }   /*后移元素，留出插入空位*/
        a[j+1]=t;                /*将元素插入*/
    }
}
```

#### 3. 直接插入排序的效率分析

从空间复杂性看，直接插入排序仅用了一个变量作为辅助单元。

从时间复杂性看，该排序方法采用了双重循环，外循环执行了 $n-1$ 次，即向有序表中逐个插入记录的操作，进行了 $n-1$ 趟，每趟操作分为比较关键字和移动记录，而比较的次数和移动记录的次数取决于数据的长度和原始数据的次序。分三种情况进行讨论：

（1）最坏情况

排序表正好与最终的有序表元素顺序相反，第 $j$ 趟插入需要同前面的 $j$ 个元素进行 $j$ 次比较，移动元素的次数为 $j+2$ 次。因此，总比较次数为 $\frac{1}{2}n(n-1)$，移动次数为 $\frac{1}{2}n(n-1)+2n$，总的时间复杂度是 $O(n^2)$。

（2）最好情况

排序表正好与最终的有序表顺序相同，每次插入只需比较一次，不需要作移动操作，因此，一共比较 $n-1$ 次，移动 0 次。

（3）平均情况

第 $j$ 趟操作，插入元素大概同前面的 $j/2$ 个记录进行比较，移动记录的次数为 $j/2+2$ 次。因此，总比较次数和移动次数为 $\frac{1}{4}n^2$，总的时间复杂度是 $O(n^2)$。

直接插入排序算法简单，是一种稳定的排序方法。

## 9.2.2　折半插入排序

### 1. 基本思想

折半插入排序（Binary Insertion Sort）是对直接插入排序算法的一种改进，在排序过程中，不断地将元素依次插入有序表中。插入的关键就是在有序表中为待插入的元素找到一个合适的位置。直接插入排序是按顺序依次比较寻找插入位置，折半插入排序是将插入元素与有序表中的中间元素进行比较，而不是按顺序依次进行比较寻找插入位置，从而可以提高效率和速度。

折半插入排序算法的基本思想是指将一个新元素 t 插入有序表中，寻找插入位置时，将有序表中的首元素设置为 a[low],末元素设置为 a[high]，然后将待插入元素 t 与 a[m]（m=(low+high)/2）进行比较，如果比该元素小，则选择 a[low]到 a[m-1]为新的插入区域（high=m-1），否则选择 a[m+1]到 a[high]为新的插入区域（low=m+1），如此不断进行比较，直至 low<=high 不成立，即将此位置之后所有元素后移一位，并将待插入元素 t 插入至 a[high+1]。

例 9.2：有初始数列为[25 52 14 8 69 36]，用折半插入排序方法将此数列变成一个有序表。下面列出第 5 趟插入时，t=36，各变量 low、high、a[m]状态变化过程如图 9.3 所示。

图 9.3　折半插入排序过程

### 2. 折半插入排序算法

```
void B_InsertSort(datatype a[ ], int n)
{ /*对排序表a[1],…,a[n-1]作折半插入排序, n是记录的个数*/
 datatype t;
 int low,high,mid;
 for(i=1;i<n;i++)
 {  t=a[i];                    /*保存待插入元素*/
    low=0;high=i-1;            /*设置初始区间*/
    while(low<=high)           /*该循环语句完成确定插入位置*/
    {  mid=(low+high)/2;
       if(t.key>a[mid].key)
          low=mid+1;           /*插入位置在高半区*/
       else  high=mid-1;       /*插入位置在低半区*/
    }
    for(j=i-1;j>=high+1;j--)   /*high+1 为插入位置*/
       a[j+1]=a[j];            /*后移元素,留出插入空位*/
    a[high+1]=t;               /*将元素插入*/
 }
}
```

### 3. 插入排序的效率分析

从时间复杂性看,确定插入位置所进行的折半查找,定位一个关键字的位置需要比较次数至多为 $\lceil \log_2(n+1) \rceil$,减少了比较次数,因此,比较次数时间复杂度为 $O(n\log_2 n)$。移动元素的次数和直接插入排序相同,故时间复杂度仍为 $O(n^2)$。

折半插入排序方法是一种稳定的排序方法。

## 9.2.3 希尔排序

### 1. 基本思想

希尔排序(Shell Sort)是1959年由D.L.Shell 提出的一种插入排序方法。它的基本思想是:首先,选取一个小于 $n$ 的整数 $d$,将整个排序表中 $n$ 个记录分割为 $d$ 个组,构成 $d$ 个子序列,对这些子序列分别进行直接插入排序,一趟之后,每个子序列中的元素变成有序,然后,减小增量 $d$,继续分成若干子序列,进行直接插入排序,直至 $d=1$,对全体元素进行一次直接插入排序,排序结束。其中排序过程中的整数 $d$ 称为步长,步长是不断减少的,因此,希尔排序又称"缩小增量排序"。当步长为1时,希尔排序就是直接插入排序。

例9.3:有初始数列为[25  52  14  8  69  36],用希尔排序方法将此数列变成一个有序表。过程如图9.4所示。

### 2. 希尔排序算法

```
void ShellSort(datatype a[],int n,int d[],int t)
{ /*按增量序列d[0],d[1],…, d[t-1]对排序表a[1]..a[n]进行希尔排序*/
    int i,j,k,h;
    for(k=0;k<t;k++)
    {  h=d[k];                        /*本趟的增量*/
       for(i=h+1;i<=n;i++)
```

间隔为3的子序列分别为：{25,9}，{52,69}，{14,36}。
第一趟排序后，使得间隔为3的子表有序：

间隔为2的子序列分别为：{9,14,69}，{52,25,36}。
第二趟排序后，使得间隔为2的子表有序：

间隔为1的子序列就是由所有元素构成的子序列。
此时，序列"基本有序"，对其进行直接插入排序，得到最终结果：

| 9 | 14 | 25 | 36 | 52 | 69 |
|---|----|----|----|----|----|

图 9.4  希尔排序过程

```
if(a[i].key<a[i-h].key)          /*小于时，需插入有序表*/
{a[0]=a[i];                       /*存放待插入的记录*/
for(j=i-h; j>0&&a[0].key<a[j].key; j=j-h)
    a[j+h]=a[j];                  /*记录后移*/
a[j+h]=a[0];                      /*插入到正确位置*/
}
}
```

### 3. 希尔排序的效率分析

希尔排序时效分析很难，关键字的比较次数与记录移动次数依赖于步长因子序列的选取，当分组较多时，组内元素较少，一趟中直接插入排序元素少，循环次数就少；当分组较少时，组内元素增多，但已接近有序，循环次数并不增加。因此，希尔排序的时间复杂性在 $O(n\log_2 n)$ 和 $O(n^2)$ 之间，大致为 $O(n^{1.3})$。

希尔排序方法是一种不稳定的排序方法。

# 9.3  交 换 排 序

交换排序的主要思想是：在排序的过程中，将排序的对象两两进行比较，如果比较的两个数大小顺序不符合排序要求，则该两个数进行交换，直到不再有这样的数对，即原始数列变为有序数列。

根据交换排序的思想，可以将交换排序分为冒泡交换排序（简称为冒泡排序）、快速交换排序（简称为快速排序）等。

## 9.3.1  冒泡排序

### 1. 基本思想

冒泡排序（Bubble Sort）的基本思想是将相邻的数据元素两两比较，若与排序要求相逆，则将二者交换，依次比较完无序表中的所有元素之后，就将得到该无序表中的最大（最小）元素，这样无序表中的元素就减少一个，然后对无序表中剩余的元素继续重复这个过程，直到所有的数据都变成有序序列。一般称比较完无序表中所有的元素一次的过程为一趟冒泡。根据比较数据的方向不同可分上冒泡排序和下冒泡排序。上冒泡排序是指从上到下或从左到右比较无序表中元素，下冒泡排序则从下到上或从右到左比较无序表中元素。

上冒泡排序的步骤如下：

① 排序的初态为原始数据，即 $a_0$, $a_1$, $a_2$, $a_3$, $a_4$, …, $a_{n-1}$。

② 经过若干趟冒泡后，状态为：无序表是 $a_0$, $a_1$, $a_2$, …, $a_i$，有序表是 $a_{i+1}$, $a_{i+2}$, …, $a_{n-1}$。现在对 $a_0$, $a_1$, $a_2$, …, $a_i$ 数列进行冒泡排序。过程如下：将 $a_0$ 和 $a_1$ 比较，如果 $a_0$ 比 $a_1$ 大，则将 $a_0$ 与 $a_1$ 交换，否则用 $a_1$ 直接与 $a_2$ 进行冒泡，直到有序部分剩下最后一个数据。

③ 不断重复过程②，直到数据全部为有序为止。

例 9.4：有初始序列为[25　52　14　8　69　36]，用上冒泡排序方法将此数列变成一个有序表。过程如图 9.5 所示。

| 初态： | [25 | 52 | 14 | 8 | 69 | 36 |
|---|---|---|---|---|---|---|
| 第1趟冒泡后的状态： | [25 | 14 | 8 | 52 | 36] | [69] |
| 第2趟冒泡后的状态： | [14 | 8 | 25 | 36] | [52 | 69] |
| 第3趟冒泡后的状态： | [8 | 14 | 25] | [36 | 52 | 69] |
| 第4趟冒泡后的状态： | [8 | 14] | [25 | 36 | 52 | 69] |
| 第5趟冒泡后的状态： | [8] | [14 | 25 | 36 | 52 | 69] |

图 9.5　冒泡排序实例

## 2. 冒泡排序算法

（1）基本的冒泡排序算法

```
void Bubble_sort(datatype a[],int n)
{/* 对排序表a[0],…,a[n-1]作冒泡排序, n是记录的个数*/
  int  i,j;
  datatype  t;                      /*中间元素*/
  for(i=0;i<n-1;i++)                 /*冒泡的趟数*/
    for(j=0;j<n-i-1;j++)            /*一趟冒泡的过程*/
    if(a[j].key>a[j+1].key)         /*不符合要求进行交换*/
    {t=a[j];a[j]=a[j+1];a[j+1]=t;}
}
```

（2）改进的冒泡排序算法

```
void Bubble_Sort (datetype a[ ],int n)
{ /* 对排序表a[0],…,a[n-1]作冒泡排序, n是记录的个数*/
  int i,j;
  int swap;                         /*交换标志变量*/
  datatype  t;                      /*中间元素*/
  for(i=0;i<n-1;i++)                /*冒泡的趟数*/
  { swap=0;
     for(j=0;j<=n-i-1;j++)          /*一趟冒泡的过程*/
     if(a[j].key>a[j+1].key)        /*不符合要求进行交换*/
     { t=a[j+1];
       a[j]=a[j+1];
       a[j+1]=t;
       swap=1;                      /*置交换标志*/
     }
     if(swap==0) break;
  }
}
```

### 3. 冒泡排序的效率分析

从空间复杂性看，冒泡排序仅用了一个变量作为辅助单元。如上冒泡排序算法中的变量 t。

从时间复杂性看，该排序方法采用了双重循环，进行了 $n-1$ 趟冒泡操作，每趟操作包括比较关键字和移动记录，对 $j$ 个记录的表进行一趟冒泡需要 $j-1$ 次关键字比较，因此，总比较次数为 $\frac{1}{2}n(n-1)$。移动记录次数：最好情况下，排序表正好与最终的有序表顺序相同，不需要作移动操作，时间复杂度是 $O(n)$，最坏情况下，每次比较后均要进行三次移动。因此，总比较次数为 $\frac{3}{2}n(n-1)$，总的时间复杂度是 $O(n^2)$，平均情况时间复杂度也是 $O(n^2)$。

冒泡排序算法简单，是一种稳定的排序方法。

## 9.3.2 快速排序

### 1. 基本思想

快速排序（Quick Sort）又称快排序或分区交换排序，这种排序是迄今为止所有内排序算法中速度最快的一种，是冒泡排序的一种改进方法，它不是相邻的两个数两两比较，基本思想如下：

① 在当前无序表中任选一个数作为基数或基元（一般为第 0 个数）。

② 当前数据分为三部分：比这个数小的数据，这个数本身，比这个数大的数据。

③ 对比这个数大的数据和比这个数小的数据两部分数据分别重复①和②两个过程，直到所有的数据有序为止。

前面第①②步，实际上就是将无序表中的元素以基数元素分成三部分的过程，称为一次（趟）划分。对各部分不断划分，直到每一步分只剩下一个元素，整个序列则是有序序列。设待排序序列为 a[r]～a[l]，其中 r 为下限，l 为上限，r<l，t=a[r] 为该序列的基数元素，设 i,j 的初值分别为 low 和 high。具体的一次划分过程如下：

① 让 j 从它的初值开始，依次向前取值，并将每一元素 a[j] 的关键字同 t 的关键字进行比较，直到 a[j].key<t.key 时，交换 a[j] 与 a[i] 的值，使关键字相对较小的元素交换到左子序列；

② 让 i 从 i+1 开始，依次向后取值，并使每一元素 a[i] 的关键字同 a[j] 的关键字（此时 a[j] 为基准元素）进行比较，直到 a[i]>a[j] 时，交换 a[i] 与 a[j] 的值，使关键字大的元素交换到后面子区间；

③ 让 j 从 j-1 开始，依次向前取值。

重复上述过程，直到 i 等于 j，即指向同一位置为止，此位置就是基数元素最终被存放的位置。此次划分得到的前后两个待排序的子序列分别为 a[r]～a[i-1] 和 a[i+1]～a[l]。

例 9.5：有初始序列为[25　52　14　8　69　36]，用快速排序方法将此数列变成一个有序表。过程如下：

初态：[25　52　14　8　69　36]

第一次划分：（取第 0 个数为基数，见图 9.6）

第一次划分后的状态：[8　14 ] 25 [52　69　36]

第二次对左半部分数据划分后的状态：8 [14]　25 [52　69　36]

第三次对右半部分数据划分后的状态：8　14　25 [36] 52 [69]

图 9.6　第一次划分示意图

最后，数据区中只有一个数据，即整个数据为有序序列，排序结束。

### 2. 快速排序算法

从快速排序的过程可以看出，快速排序的速度很快；从快速排序的思想可以看出，这种方法适合用递归算法实现。

算法描述如下：

```
void quicksort(datatype a[], int n, int r, int l)
{/* 对排序表 a[0],…,a[n-1]作快速排序, n是记录的个数, r为下限, l为上限*/
  int i,j;
  datatype t;
  if(r<l)
  { i=r;j=l;t=a[i];                          /*r为下限, l为上限,t为基数*/
    while(i!=j)                              /*从排序表的两端交替地向中间扫描*/
    {
      while((i<j)&&t.key<a[j].key)
        j=j-1;
      if(i<j) {a[i]=a[j];i=i+1;}              /*将比基数小的交换到左面*/
      while((i<j)&&(t.key>=a[j].key))
        i=i+1;
      if(i<j){a[j]=a[i];j=j-1; }              /*将比基数大的交换到右面*/
    }
    a[i]=t;
    quicksort(a,l,j-1);                       /*左子序列划分*/
    quicksort(a,i+1,r);                       /*右子序列划分*/
  }
}
```

### 3. 快速排序的效率分析

从空间复杂性看，快速排序是递归的，每层递归调用时的指针和参数均要用栈来存放，存储开销在理想情况下为 $O(\log_2 n)$，在最坏情况下为 $O(n)$。

从时间复杂性看，在 $n$ 个记录的排序表中，一次划分平均有小于或等于 $n$ 次关键字比较，时间复杂性为 $O(n)$。理想情况下，每次划分，正好将分成两个等长的子序列，则需要的排序趟数为小于或等于 $\log_2 n$，故时间复杂度为 $O(n\log_2 n)$。

最坏情况下，每次划分，只得到一个子序列，时间复杂度为 $O(n^2)$。

通常情况上，快速排序被认为在同数量级（$O(n\log_2 n)$）的内排序方法中平均性能最好的。

快速排序是一种不稳定的排序方法。

# 9.4 选择排序

选择排序的主要思想是在排序的过程中，将排序对象分为两部分，一部分为无序表，另一部分为有序表，每次从无序表中的数据中选择一个最小的数与其中的第一个数进行交换，直至无序表中的数据全部被选择结束，最后所有的数据都变成一个有序的序列。

根据选择排序的主要思想，可以将选择排序分为直接选择排序、堆排序、树形选择排序等，下面主要介绍直接选择排序和堆排序。

## 9.4.1　直接选择排序

### 1. 基本思想

直接选择排序（Straight Selection Sort）是一种简单的选择排序方法，其排序思想和步骤步骤如下：

① 排序的初态为：$a_0$，$a_1$，$a_2$，$a_3$，$a_4$，$\cdots$，$a_{n-1}$。

② 经过若干次选择之后，状态为：有序部分的数据是 $a_0$，$a_1$，$a_2$，$\cdots$，$a_i$，待排序部分的数据是 $a_{i+1}$，$a_{i+2}$，$\cdots$，$a_{n-1}$。现在对 $a_{i+1}$，$a_{i+2}$，$\cdots$，$a_{n-1}$ 数列进行选择。过程如下：在 $a_{i+1}$ 到 $a_{n-1}$ 中选择一个最小数 $a_k$，然后比较 $a_k$ 与 $a_{i+1}$ 决定是否交换它们的位置。

③ 不断重复过程②，直到数据变成为有序为止。

例 9.6：有初始序列为[25　52　14　8　69　36]，用直接选择排序方法将此数列变成一个有序表。过程如图 9.7 所示。

```
初态            [25   52   14   8    69   36]
第1次选择后的状态 [8]   [52   14   25   69   36]
第2次选择后的状态 [8    14]  [52   25   69   36]
第3次选择后的状态 [8    14   25]  [52   36   69]
第4次选择后的状态 [8    14   25   36]  [52   69]
第5次选择后的状态 [8    14   25   36   52]  [69]
```

图 9.7　直接选择排序实例

### 2. 直接选择排序算法

（1）基本的直接选择排序算法

```c
void selectsort(datatype a[],int n)
{/* 对排序表a[0],…,a[n-1]作直接选择排序，n是记录的个数*/
  int i,j,k;
  datatype t;
  for(i=0;i<n-1;i++)
  {
    k=i;
    for(j=i+1;j<n;j++)
      if (a[k].key>a[j].key) k=j;
    t=a[k];a[k]=a[i];a[i]=t;
  }
}
```

（2）改进的直接选择排序算法

```c
void selectsort(datatype a[ ],int n)
{/* 对排序表a[0],…,a[n-1]作直接选择排序，n是记录的个数*/
  int i,j,k;
  datatype t;
  for(i=0;i<n-1;i++)
  {
    k=i;
    for(j=i+1;j<n;j++)
      if(a[k].key>a[j].key) k=j;
    if(k!=i)
    {t=a[k];a[k]=a[i];a[i]=t;}
  }
}
```

### 3. 直接选择排序的效率分析

在直接选择排序中，共需要进行 $n-1$ 次选择和交换，每次选择需要进行 $n-i$ 次比较（$1 \leq i \leq n-1$），而每次交换最多需三次移动，因此，总的比较次数$(n^2-n)/2$，总的移动次数 $3(n-1)$。由此可知，直接选择排序的时间复杂度为 $O(n^2)$。

直接选择排序算法简单，是一种不稳定的排序方法。

## 9.4.2　堆排序

### 1. 堆的定义

实际上，一个堆形就是一个完全二叉树，若这个完全二叉树中每一棵子树都满足根结点的关键字小于子结点的关键字或者根结点的关键字大于子结点的关键字，则称这个堆形是一个堆，前者称为小顶堆，后者称为大顶堆。

在计算机中，堆可直接用一维数组表示，但要注意的是一维数组中的元素是堆中的元素按自上而下、自左向右的次序存放的。设有数列{10，20，15，30，40，50，60，65}，可以看出该组元素组成的堆形是一个堆，如图9.8所示。

图 9.8　堆图示

堆有两个非常重要的性质：堆顶即根结点是堆中的最小元素或最大元素，部分元素是有序的。

### 2. 基本思想

堆排序（Heap Sort）是一种选择排序，它有两个最基本的操作：取最小元或最大元和把最小元或最大元并入已排序好的元素中，步骤如下：

① 建堆：将待排序元素部分调整为堆。

② 取最小元素或最大元素：取堆顶元素。

③ 加入：将最小元或最大元加入到已排序部分中。

可以看出，堆排序的核心问题是建堆。

1964 年，R.W.Floyd 提出了一种建堆算法——筛选法，基本思想是：将待排序数据随意地组成一堆形，然后，沿堆形自下而上、自右向左依次进行筛选。具体操作为：设当前要筛选 $a_i$，这时，若有 $a_i \leq \min(a_{2i}, a_{2i+1})$ 或 $a_i \geq \max(a_{2i}, a_{2i+1})$，则满足堆条件，不再调整；若有 $a_i > \min(a_{2i}, a_{2i+1})$ 或 $a_i < \max(a_{2i}, a_{2i+1})$，则将 $a_i$ 与左、右子树中较小者或将 $a_i$ 与左、右子树中较大者的元素交换，并继续往下筛，直至其余所有元素堆条件都成立。称自根结点到叶子结点的调整过程为筛选。堆形不断筛选后，就建成了一个堆。

例 9.7：有初始堆形如图 9.9 所示，用堆排序方法将此初始堆形变成一个堆。

图 9.9　初始堆形

根据建堆的思想，建堆过程过程如图 9.10 所示。

原始堆→图 9.10（a）表示：34 比 15 大，因此，需要调整，34 和 15 交换位置。

图 9.10（a）→图 9.10（b）表示：40 比 20 大，因此，需要调整，40 和 20 交换位置。

图 9.10（b）→图 9.10（c）表示：30 比 15 大，因此，需要调整，30 和 15 交换位置。

通过分析可以得到，从初始堆形变成堆，进行了三次调整，原则是自下而上、自右向左。

建堆完成后，就可以对堆中的元素进行堆排序，堆排序的基本思想是将堆中第一个结点（二叉树根结点）和最后一个结点的数据进行交换（$k_1$ 与 $k_n$），再将 $k_1 \sim k_{n-1}$ 重新建堆，然后 $k_1$ 和 $k_{n-1}$ 交换，再将 $k_1 \sim k_{n-2}$ 重新建堆，然后 $k_1$ 和 $k_{n-2}$ 交换，如此重复下去，重新建堆的元素个数不断减 1，直到重新建堆的元素个数仅剩一个为止。这时堆排序已经完成，排序码 $k_1$, $k_2$, $k_3$, ..., $k_n$ 已排成一个有序序列。

图 9.10 建堆过程

例 9.8：有初始堆如图 9.10（c）所示，用堆排序方法将此初始堆变成一个有序序列。过程如图 9.11 所示。

图 9.11 堆排序过程

### 3. 堆排序算法

堆排序算法分两步完成：下面算法中的 adjust() 函数给出一次筛选过程，heapsort() 函数是完整的堆排序算法。

```
void adjust(datatype  a[],int  n,int  m,int  r)
  {  /*一次筛选过程*/
   int  i,j,t;
   i=m;j=2*i;t=a[i];
   While(j<=r)
   {  if((j<r&&a[j]>a[j+1]))  j=j+1;
```

```
         if(t>a[j]){a[i]=a[j];i=j;j=2*i;
         else  j=r+1;
         if(i!=m) a[i]=t;
      }
   }
void heapsort(datatype a[],int n)
{ /*堆排序算法*/
   int m,r,t;
   for(m=ndiv2;m>=1;m--) adjust(a,m,n);
   r=n;
   while(r>m)
   { t=a[m];a[m]=a[r];a[r]=t;r=r-1;adjust(a,m,r);
   }
}
```

**4. 堆排序的效率分析**

从时间复杂度看，在整个堆排序中，共需要进行 $n+\lfloor n/2 \rfloor -1$ 次筛选，每次筛选进行双亲和孩子或兄弟结点的关键字比较和移动次数都不会超过完全二叉树的深度，因此，每次筛选的时间复杂度为 $O(\log_2 n)$，故整个堆排序过程的时间复杂度为 $O(n\log_2 n)$。

从空间复杂度看，堆排序占用的辅助空间为 1，因此，它的空间复杂度为 $O(1)$。

一般如果排序的对象比较大，可以选择堆排序。堆排序是一种不稳定的排序方法。

# 9.5　归并排序

归并排序（Merge Sort）又称合并排序。所谓归并，就是将两个或两个以上的已排好序的数据合并成一个有序的数据表，归并排序则是以归并为工具，将过若干次归并，最后得到一个有序数据表，因此，在归并排序中，主要解决的是如何进行归并。归并方式有很多种，但用得较多的是二路归并，即在归并时两个两个地进行。下面介绍二路归并排序算法。

**1. 基本思想**

二路归并排序的基本思想是：将两个有序表合并成一个有序表，一次合并完成后，有序表的数目减少一半，而有序表中的数据元素长度增加一倍，直至有序表中的数据元素长度从 1 增加到 $n$ 时，整个有序表变为了一个数据长度为 $n$ 的有序表为止。具体步骤如下：

① 将 $n$ 个数的待排序数组看成 $n$ 个长为 1 的有序表。

② 将两两相邻的有序表依次进行归并。

③ 不断重复步骤②，直至归并成一个有序表为止。

从基本思想可以看出，最重要的一步操作就是归并，归并分为如下两步：

① 一次归并，即将相邻的两个有序表归并为有序表。

② 一趟归并，即将数组中所有相邻的有序表依次两两合并成更大的有序表。

例 9.9：有初始序列[12　45　5　8　9　63　74　2]，描述两次归并的状态变化。过程如图 9.12所示。

| 初始状态: | [12] | [45] | [5] | [8] | [9] | [63] | [74] | [2] |
|---|---|---|---|---|---|---|---|---|
| 一趟归并: | [12 | 45] | [5 | 8] | [9 | 63] | [2 | 74] |
| 二趟归并: | [5 | 8 | 12 | 45] | [2 | 9 | 63 | 74] |
| 三趟归并: | [2 | 5 | 8 | 9 | 12 | 45 | 63 | 74] |

图 9.12　两路归并过程

## 2. 归并排序算法

### （1）一次归并算法

```
void merge(datatype a,datatype b,int u,int m,int v)
{
    int i,j,k,t;
    i=u;j=m+1;k=u;
    while(i<=m&&j<=v)
    {
        if(a[i]<=a[j]) {b[k]=a[i];i++;} else {b[k]=a[j];j++;}
        k++;
    }
    if(i>m)  for(t=j;t<=v;t++)  b[k+t-j]=a[t];
    else  for(t=i;t<=m;t++)b[k+t-i]=a[t];
}
```

### （2）一趟归并算法

```
void mergepass(datatype a,datatype b,int n,int l)
{
    int i,t;
    i=1;
    While(i<=n-2*l+1)
    {
        merge(a,b,i,i+l,i+2*l-1); i=i+2*l;
    }
    if(i+l-1<n)  merge(a,b,i,i+l,n);  else  for(t=i;t<=n;t++)
    b[t]=a[t];
}
```

### （3）二路归并排序算法

```
void mergesort(datatype a,int n)
{
    int l,datatype b;
    l=1;
    while (l<n)
    {
        mergepass(a,b,n,l);
        l=2*l;
        mergepass(b,a,n,l);l=2*l;
    }
}
```

## 3. 归并排序的效率分析

归并排序是由若干趟归并组成，每趟归并又是由若干次归并组成，其中第一趟归并是归并表长为 1 的表，第二趟归并是归并表长为 2 的表，依此类推，第 $i$ 趟归并是归并表长为 $2^{i-1}$ 的表。因此，二路归并排序的时间复杂度等于归并趟数与每一趟时间复杂度的乘积。对含 $n$ 个数的数列，使用归并排序需要 $[\log_2 n]$ 趟归并，每一趟归并最多需 $n-1$ 次比较，每一趟归并的时间复杂度为 $O(n)$。因此，二路归并排序的时间复杂度为 $O(n\log_2 n)$。

二路归并排序需要使用同样容量的辅助存储，是一种稳定的排序方法。

# 9.6 基 数 排 序

通过前面的介绍，可以发现排序方法都是根据关键字值的大小来进行排序，实现排序的关键主要包括比较和移动记录两种操作。而基数排序（Radix Sort）不需要进行记录关键字值间大小的比较，是通过"分配"和"收集"过程来实现排序。基数排序是分配排序（Distribution Sort）方法之一，是一种借助于多关键字排序的思想，将单关键字按基数分成"多关键字"进行排序的方法。

## 9.6.1 多关键字排序

对排序表按照多个关键字进行排序的方法，称为多关键字排序。例如，有四种颜色的球各十个，颜色分别为红、黄、蓝和黑，且每个球上都标上数字 1，2，3，…，10。

① 若按颜色进行递增排序，序列是：黑，红，黄，蓝。

② 若按数字进行递增排序，序列是：1，2，3，4，…，10。

③ 若这些球先按颜色，然后按数字进行递增排序，序列是：黑 1，2，3，4，…，10；红 1，2，3，4，…，10；黄 1，2，3，4，…，10；蓝 1，2，3，4，…，10。

以上三种情况，①和②是按照单个关键字进行排序，③则是按照多个关键字进行排序。

实际上，这些球还可以先按数字，然后按颜色进行递增排序，得到一个新的序列。因此，当一组数据元素按照多个关键字进行排序时，就可能得到多个不同的序列。多关键字排序方法分为两种方法：最高位优先（Most Significant Digit first，MSD）法和最低位优先（Least Significant Digit first，LSD）法。

在多关键字排序中，设有多个关键字，它们分别是 $k_1$，$k_2$，…，$k_i$，最高位优先法是指先按 $k_1$ 排序，将序列分成若干子序列，每个子序列中的元素具有相同的 $k_1$ 值；然后按 $k_2$ 排序，将每个子序列分成更小的子序列；然后，对后面的关键字继续同样的排序分成更小的子序列，直到按 $k_i$ 排序分组分成最小的子序列后，最后将各个子序列连接起来，便可得到一个有序的序列。最低位优先法是指先按 $k_i$ 排序，将序列分成若干子序列，每个子序列中的记录具有相同的 $k_i$ 值；然后按 $k_{i-1}$ 排序，将每个子序列分成更小的子序列；然后，对后面的关键字继续排序分成更小的子序列，直到按 $k_1$ 排序分组分成最小的子序列后，最后将各个子序列连接起来，便可得到一个有序的序列。

## 9.6.2 链式基数排序

基数排序的基本思想是：设排序表中所有元素的关键字为不超过 $d$ 位的十进制非负整数，从最高位到最低位的编号依次为 1，2，…，$d$。同时，设置 10 个队列，它们的编号分别为 0，1，2，…，9。步骤如下：

① 第一趟分配和收集。将元素按关键字的最低位数分别放到相应的队列中：最低位数为 0 的关键字，其元素依次放入 0 号队列中，最低位数为 1 的关键字，其元素放入 1 号队列中，…；最低位数为 9 的关键字，其元素放入 9 号队列中。然后，把队列中的记录收集和排列起来。

② 第二趟分配和收集。将第一趟排序后的元素按其关键字的次低位数分配到相应的队列

中，然后把队列中的记录收集和排列起来。

不断重复此过程，直至第 $d$ 趟排序时，按第 $d-1$ 趟排序后记录的关键字的最高位进行分配，然后收集和排列各队列中的记录，即得到了初始序列的有序序列。

其中，每个队列称为一个桶。因此，基数排序又称桶子法（Bucket Sort）。

例 9.10：有初始序列为[25　52　26　14　8　69　19　5　36　9]，用 LSD 排序方法将此数列变成一个有序表。过程如图 9.13 所示。

| 0 |  |
|---|---|
| 1 |  |
| 2 | 52 |
| 3 |  |
| 4 | 14 |
| 5 | 25,5 |
| 6 | 26,36 |
| 7 |  |
| 8 | 8 |
| 9 | 69,19 |

第一趟分配

| 0 | 52 |
|---|---|
| 1 | 14 |
| 2 | 25 |
| 3 | 5 |
| 4 | 26 |
| 5 | 36 |
| 6 | 8 |
| 7 | 69 |
| 8 | 19 |
| 9 | 9 |

第一趟收集

| 0 | 5, 8, 9 |
|---|---|
| 1 | 14, 19 |
| 2 | 25,26 |
| 3 | 36 |
| 4 |  |
| 5 | 52 |
| 6 | 69 |
| 7 |  |
| 8 |  |
| 9 |  |

第二趟分配

| 0 | 5 |
|---|---|
| 1 | 8 |
| 2 | 9 |
| 3 | 14 |
| 4 | 19 |
| 5 | 25 |
| 6 | 26 |
| 7 | 36 |
| 8 | 52 |
| 9 | 69 |

第二趟收集

图 9.13　分配与收集过程

从上面的分配和收集过程可以看出，多个元素的某一位可能是相同的，因此，一个桶中或一个队列中就可能有多个元素。若每个队列的大小和原始序列大小相同，则需要的一个桶的总量就是原始序列的 10 倍，而且排序时需要反复进行分配和收集。显然，采用顺序表表示分配和收集过程不方便进行动态操作。因此，为了操作方便和节省空间，采用单链表表示分配和收集过程，称为链式基数排序。

例 9.11：初始序列为[25　52　26　14　8　69　19　5　36　9]，基数为 10，位数为 2，结点的个数为 10。设结点序列用线性链表示如下：

　　　　p->25->52->26->14->08->69->19->05->36->09

第一趟：首先把 0～9 的基数的队列置为空，然后按照关键字的最低位个位，将结点分配到相应队列中，分配后的结果如图 9.14 所示。

收集后得到的线性链表为：

　　　　p->52->14->25->05->26->36->08->69->19->09

第二趟：首先把 0～9 的队列置成空队列，然后按照关键字的十位数字依次把第一趟所产生的新线性链表中的所有结点再次分配到相应的队列中，分配后的结果如图 9.15 所示。

收集后得到的线性链表为：

　　　　p->05->08->09->14->19->25->26->36->52->69

链式基数排序算法描述如下：

```
#define MAX_R 10          /*定义基数为10*/
#define MAX_D 4           /*位数最多为4位*/
struct node
{
char data[MAX_D];
struct node *link;
```

图 9.14（第一趟分配示意图）：

```
head[0] →        ← tail[0]
head[1] →        ← tail[1]
head[2] → 52     ← tail[2]
head[3] →        ← tail[3]
head[4] → 14     ← tail[4]
head[5] → 25 → 05 ← tail[5]
head[6] → 26 → 36 ← tail[6]
head[7] →        ← tail[7]
head[8] → 08     ← tail[8]
head[9] → 69 → 19 → 09 ← tail[9]
```

图 9.15（第二趟分配示意图）：

```
head[0] → 05 → 08 → 09 ← tail[0]
head[1] → 14 → 19 ← tail[1]
head[2] → 25 → 26 ← tail[2]
head[3] → 36 ← tail[3]
head[4] →     ← tail[4]
head[5] → 52 ← tail[5]
head[6] → 69 ← tail[6]
head[7] →     ← tail[7]
head[8] →     ← tail[8]
head[9] →     ← tail[9]
```

**图 9.14 第一趟分配示意图**      **图 9.15 第二趟分配示意图**

```c
};
typedef struct node NODE;
NODE *lsd_node(NODE *p,int r,int d)
{
 NODE *head[MAX_R],*tail[MAX_R];
 int i,j,k;
 for(i=d-1;i>=0;i--)              /*从最低关键字位开始分配*/
 {
  for(j=0;j<r;j++)               /*把基数队列的头指针置空*/
  head[j]=NULL;
  while(p!=NULL)  /*当线性链表的结点不为空，就依次把各个结点分配到基数队列中*/
  {
  k=p->data[i]-'0';
  if(head[k]==NULL)
     head[k]=p;
   else tail[k]->link=p;
   tail[k]=p;
   p=p->link;
   }
  p=NULL;
  for(j=r-1;j>=0;j--)             /*收集分配后的结点*/
   if(head[j]!=NULL)
   {
       tail[j]->link=p;
       p=head[j];
   }
  }
  return(p);
}
```

### 4. 基数排序的效率分析

从时间复杂度来看，设排序表为 $n$ 个元素，$d$ 个关键字，关键字的取值范围为 radix，则链式基数排序的时间复杂度为 $O(d(n+\text{radix}))$。其中，一趟分配时间复杂度为 $O(n)$，一趟收集时间复杂度为 $O(\text{radix})$，总共进行 $d$ 趟分配和收集。

从空间复杂度来看，需要 $2\times\text{radix}$ 个指向队列的辅助空间，以及用于静态链表的 $n$ 个指针。

基数排序一般用于元素的关键字为整数类型，是一种稳定的排序方法。

# 9.7 经典应用实例

排序在实际计算机处理中的应用非常广泛。通过前面的介绍，已初步了解和掌握了排序的基本思想、排序算法以及对排序算法的效率分析。下面介绍了其中两个应用实例，一个是考试成绩排序问题；另一个是荷兰国旗问题。通过这两个实例，进一步学会用数据结构解决实现数据处理过程中的问题。

## 9.7.1 考试成绩排序

### 1. 问题描述

在高中阶段，每次小考或大考结束后，需要对全年级的同学成绩进行排名。大学的每个学期开学初，班委一般都要做一件事——综合测评。综合测评后，还要对全班的同学综合成绩进行排名。当然，在企业年终考核时，有时也要看员工的业绩，同样也是排名问题。可见，排名这项工作在日常工作和生活中，经常要遇到。现在假设一个班有 100 名同学，期末考试结束后，要求对这 100 个同学的考试成绩从高分到低分排序。这就是考试成绩排序（Score Sort）问题。

### 2. 数据结构分析

在该问题中，涉及学生信息，设学生信息由学号和成绩组成，总共有 100 个学生记录。

```
#define MAXN 100
 typedef struct node
 {  int no;
    int score;
 }NODE;
   NODE R[MAXN];
   int len;
```

R[MAXN]数组各元素如图 9.16 所示。

### 3. 实体模拟

本问题中的排序方法采用改进的冒泡排序算法，实现考试成绩的升序排列，然后从高分到低分逆序输出。

设待排序的 $n$ 个结点为 $a_0$, $a_1$, $a_2$, …, $a_{n-1}$，排序范围为 $a_0 \sim a_{n-1}$。冒泡排序是在当前排序范围内，从上而下相邻的两个结点依次比较，让值较大的结点往下移（下沉），让值较小的结点往上移（上冒）。当从上到下的当前排序范围内执行一遍比较后，假设最后往下移的结点是 $a_j$，则下一遍的排序范围为 $a_0 \sim a_j$。在整个排序过程中，最多执行 $n-1$ 次。其中，执行的次数可能会小于 $n-1$，这是因为在执行某一遍的各次比较没有出现结点交换时，就不用进行下一次比较，说明整个数据序列已经是有序序列。

学生的记录包括学号和成绩，学号和成绩一一对应，为了描述方便，这里只显示成绩的排序的过程，如图 9.17 所示。

### 4. 算法实现

```
#include "stdio.h"
#define MAXN 100
typedef struct node
```

| R[0] | R[0].no | R[0].score |
|---|---|---|
| R[1] | R[1].no | R[1].score |
| R[2] | R[2].no | R[2].score |
| ... | ... | ... |
| ... | ... | ... |
| ... | ... | ... |
| R[MAXN-1] | R[MAXN-1].no | R[MAXN-1].score |

图 9.16　R[MAXN]数组各元素

| 0 | 82 | 72 | 72 | 72 | 72 | 72 | 72 | 72 |
|---|----|----|----|----|----|----|----|----|
| 1 | 72 | 82 | 82 | 78 | 78 | 74 | 74 | 74 |
| 2 | 86 | 86 | 78 | 82 | 74 | 78 | 78 | 76 |
| 3 | 100 | 78 | 86 | 74 | 80 | 80 | 76 | 78 |
| 4 | 78 | 98 | 74 | 80 | 82 | 76 | 80 | 80 |
| 5 | 98 | 74 | 80 | 86 | 76 | 82 | 82 | 82 |
| 6 | 74 | 80 | 90 | 76 | 86 | 86 | 86 | 86 |
| 7 | 80 | 90 | 76 | 88 | 88 | 88 | 88 | 88 |
| 8 | 90 | 76 | 88 | 90 | 90 | 90 | 90 | 90 |
| 9 | 76 | 88 | 98 | 98 | 98 | 98 | 98 | 98 |
| 10 | 88 | 100 | 100 | 100 | 100 | 100 | 100 | 100 |

图 9.17　排序过程

```c
{
    int no;
    int score;
}NODE;
/*利用冒泡排序思想*/
void bubble_sort(NODE a[],int n)
{
    int i,j;
    NODE t;
    n--;
    while(n>0)              /*n 为最后往下移的结点的位置，如果 n>0,就进行冒泡比较*/
    { j=0;
        for(i=0;i<n;i++)          /*每次冒泡比较的范围为数组下标为 0~n-1*/
          if(a[i].score>a[i+1].score)
        {
        t=a[i];
        a[i]=a[i+1];
        a[i+1]=t;
        j=i;             /*j 为每次下沉的位置*/
        }
        n=j;             /*保存最后一次元素结点下沉的位置*/
    }
}
```

## 5. 源程序及运行结果

源程序代码：

```c
/*此处插入 4 中的算法*/
int main()
{
    int i,j;
    NODE R[MAXN];
    int len;
    printf("请输入待排序的学生个数:");
    scanf("%d",&len);
```

```
for(i=0;i<len;i++)
{  printf("请输入第%d个同学的成绩:",i+1);
   R[i].no=i+1;
   scanf("%d",&j);
   R[i].score=j;
   }
printf("\n");
bubble_sort(R,len);
printf("学生的成绩从高分到低分排序为:\n");
for(i=len-1;i>=0;i--)
printf("学号: %d -------成绩: %d  \n",R[i].no,R[i].score);
printf("\n");
return 0;
}
```

运行结果如图 9.18 所示。

## 9.7.2 荷兰国旗问题

### 1. 问题描述

荷兰国旗由三种颜色组成，顺序分别为红、白、蓝，现在有随机序列组成的红、白、蓝三种颜色的条块，需要按照一定的序列排序，把他们组成荷兰国旗图案。这就是荷兰国旗（Flag of Holland）问题。

例如，给定的彩色条纹序列为：

{蓝、蓝、红、蓝、白、红、白、红、白、白}

通过排序整理后的条纹序列为：

{红、红、红、白、白、白、白、蓝、蓝、蓝}

图 9.18　考试成绩排序问题运行结果

### 2. 数据结构分析

荷兰国旗问题实际上是一个排序问题，按照一定的顺序排序颜色条纹，最后整理出荷兰国旗的图案条纹，荷兰国旗的颜色有三种，条纹的顺序为红<白<蓝，这里分别用数字 1、2 和 3 分别表示红、白和蓝，把它们存放在对应的数组当中。

```
int a[20];
int len;
```

### 3. 实体模拟

可以采用选择排序算法，把给定的随机条纹序列依次存放在数组中。首先，选中颜色值为 1 的红色条纹，依次放在序列的最前面；然后，从剩余的条纹序列中选中所有颜色值为 2 的白色条纹依次放在红色条纹块的后面；经过两趟选择，整个序列就整理完成了。

设初始的条纹序列颜色值是{3，2，3，3，1，2，1，2，1，2}，排序过程如图 9.19 所示。

### 4. 算法实现

```
#include <stdio.h>
#include <stdlib.h>
/*利用选择排序思想，将整个序列按红、白、蓝进行排序*/
void sort(int b[],int n)
```

```
3, 2, 3, 3, 1, 2, 1, 2, 1, 2,
3, 2, 3, 3, 1, 2, 1, 2, 1, 2,
3, 2, 3, 3, 1, 2, 1, 2, 1, 2,
3, 2, 3, 3, 1, 2, 1, 2, 1, 2,        1, 1, 1, 3, 3, 2, 2, 2, 3, 2
1, 2, 3, 3, 3, 2, 1, 2, 1, 2,        1, 1, 1, 3, 3, 2, 2, 2, 3, 2
1, 2, 3, 3, 3, 2, 1, 2, 1, 2,        1, 1, 1, 3, 3, 2, 2, 2, 3, 2
1, 1, 3, 3, 3, 2, 2, 2, 1, 2,        1, 1, 1, 2, 3, 3, 2, 2, 3, 2
1, 1, 3, 3, 3, 2, 2, 2, 1, 2,        1, 1, 1, 2, 2, 3, 2, 3, 3, 2
1, 1, 1, 3, 3, 2, 2, 2, 3, 2,        1, 1, 1, 2, 2, 2, 3, 3, 3, 2
1, 1, 1, 3, 3, 2, 2, 2, 3, 2,        1, 1, 1, 2, 2, 2, 2, 3, 3, 3
```

(a) 第一趟选择                    (b) 第二趟的选择

图 9.19    排序过程

```
{
  int  i,j,x;
  i=0;                        /*i 指向第一个红色条块所放的位置*/
  for(j=i;j<n;j++)            /*j 扫描所有尚未放置好的条块，寻找红色条块*/
  {if(b[j]==1)                /*找到一个红色条块*/
   {
   if(j!=i)          /*找到的红色条块不在下一个红色条块应该放的位置，则换位*/
   { x=b[j];
     b[j]=b[i];
     b[i]=x;
   }
        i++;                  /*i 指向下一个红色条块应该放的位置*/
      }
   }                          /*退出前面循环后，i 指向第一个白色条块应该放的位置*/
  for(j=i;j<n;j++)            /*j 扫描所有尚未放置好的条块，寻找白色条块*/
    if(b[j]==2)               /*找到一个白色条块*/
     {
      if(j!=i)          /*找到的白色条块不在下一个白色条块应该放的位置，则换位*/
      {    x=b[j];
           b[j]=b[i];
           b[i]=x;
      }
      i++;                    /*i 指向下一个白色条块应该放的位置*/
    }
  }
```

## 5. 源程序及运行结果

源程序代码：
```
/*此处插入 4 中的算法*/
int main()
{   int i,j;
    int a[20];
    int len;
```

```
printf("请输入待排序彩色条纹序列的长度:");
scanf("%d",&len);
for(i=0;i<len;i++)
{   printf("请输入第%d个条纹颜色编码值:",i);
    fflush(stdin);
    scanf("%d",&j);
    a[i]=j;
}
printf("待排序的彩色条纹编码序列为: ");
for(i=0;i<len;i++)
    printf("%d  ",a[i]);
printf("\n");
sort(a,len);
printf("排序后的彩色条纹编码序列为: ");
for(i=0;i<len;i++)
    printf("%d  ",a[i]);
printf("\n");
return 0;
}
```

运行结果如图 9.20 所示。

图 9.20　荷兰国旗问题运行结果

# 小　结

　　排序是数据结构中的一个重要内容，也是程序设计过程中经常要遇到的问题，因此，这一章的内容是学习的重点。本章主要介绍一些常用的内部排序方法，如插入排序、交换排序、选择排序、归并排序和基数排序，要求掌握每一种方法的基本思想、排序过程和算法，并能进行算法的效率分析。最后，通过考试成绩排序问题和荷兰国旗问题，介绍了排序在实际生活中的应用。

# 知 识 巩 固

## 一、填空题

1. 大多数排序算法都有两个基本的操作：_____和_____。

2. 在对一组记录（54，38，96，23，15，72，60，45，83）进行直接插入排序时，当把第 7 个记录 60 插入到有序表时，为寻找插入位置至少需比较_____次。

3. 在插入和选择排序中，若初始数据基本正序，则选用_____；若初始数据基本反序，则选用_____。

4. 在堆排序和快速排序中，若初始记录接近正序或反序，则选用_____；若初始记录基本无序，则最好选用_____。

5. 对于 $n$ 个记录的集合进行冒泡排序，在最坏的情况下所需要的时间是_____。若对其进行快速排序，在最坏的情况下所需要的时间是_____。

6. 对于 $n$ 个记录的集合进行归并排序，所需要的平均时间是_____，所需要的附加空间是_____。

7. 对于 $n$ 个记录的表进行二路归并排序，整个归并排序需进行_____趟（遍）。

8. 设要将序列（Q，H，C，Y，P，A，M，S，R，D，F，X）中的关键字按字母序的升序重新排列，则冒泡排序一趟扫描的结果是_____；初始步长为 4 的希尔排序一趟的结果是_____；二路归并排序一趟扫描的结果是_____；快速排序一趟扫描的结果是_____；堆排序初始建堆的结果是_____。

9. 在堆排序、快速排序和归并排序中，若只从存储空间考虑，则应首先选取_____方法，其次选取_____方法，最后选取_____方法；若只从排序结果的稳定性考虑，则应选取_____方法；若只从平均情况下最快考虑，则应选取_____方法；若只从最坏情况下最快并且要节省内存考虑，则应选取_____方法。

10. 在快速排序、堆排序、归并排序中，_____排序是稳定的。

## 二、单项选择题

1. 将 5 个不同的数据进行排序，至多需要比较（　　　）次。

    A．8               B．9               C．10               D．25

2. 排序方法中，从未排序序列中依次取出元素与已排序序列（初始时为空）中的元素进行比较，将其放入已排序序列的正确位置上的方法，称为（　　　）。

    A．希尔排序      B．冒泡排序       C．插入排序        D．选择排序

3. 从未排序序列中挑选元素，并将其依次插入已排序序列（初始时为空）的一端的方法，称为（　　　）。

    A．希尔排序      B．归并排序       C．插入排序        D．选择排序

4. 对 $n$ 个不同的排序码进行冒泡排序，在下列各种情况下比较的次数最多的是（　　　）。

    A．从小到大排列好的          B．从大到小排列好的
    C．元素无序                  D．元素基本有序

5. 对 $n$ 个不同的排序码进行冒泡排序，在元素无序的情况下比较的次数为（　　　）。

    A．$n+1$         B．$n$              C．$n-1$           D．$n(n-1)/2$

6. 快速排序在（　　　）情况下最易发挥其长处。

    A. 被排序的数据中含有多个相同排序码

    B. 被排序的数据已基本有序

    C. 被排序的数据完全无序

    D. 被排序的数据中的最大值和最小值相差悬殊

7. 对有 $n$ 个记录的表作快速排序，在最坏情况下，算法的时间复杂度是（　　　）。

    A. $O(n)$　　　　　B. $O(n^2)$　　　　　C. $O(n\log_2 n)$　　　　　D. $O(n^3)$

8. 若一组记录的排序码为（46，79，56，38，40，84），则利用快速排序的方法，以第一个记录为基准得到的一次划分结果为（　　　）。

    A. 38，40，46，56，79，84　　　　　B. 40,38，46，79，56，84

    C. 40，38，46，56，79，84　　　　　D. 40，38,46，84，56，79

9. 下列关键字序列中，（　　　）是堆。

    A. 16,72,31,23,94,53　　　　　B. 94,23,31,72,16,53

    C. 16,53,23,94,31,72　　　　　D. 16,23,53,31,94,72

10. 堆是一种（　　　）排序。

    A. 插入　　　　　B. 选择　　　　　C. 交换　　　　　D. 归并

11. 堆的形状是一棵（　　　）。

    A. 二叉排序树　　　B. 满二叉树　　　C. 完全二叉树　　　D. 平衡二叉树

12. 若一组记录的排序码为（46,79,56,38,40,84），则利用堆排序的方法建立的初始堆为（　　　）。

    A. 79,46,56,38,40,84　　　　　B. 84,79,56,38,40,46

    C. 84,79,56,46,40,38　　　　　D. 84,56,79,40,46,38

13. 下述几种排序方法中，要求内存最大的是（　　　）。

    A. 插入排序　　　B. 快速排序　　　C. 归并排序　　　D. 选择排序

14. 设一组初始记录关键字序列(5，2，6，3，8)，以第一个记录关键字 5 为基准进行一趟快速排序的结果为（　　　）。

    A. 2，3，5，8，6　　　　　B. 3，2，5，8，6

    C. 3，2，5，6，8　　　　　D. 2，3，6，5，8

15. 时间复杂度不受数据初始状态影响而恒为 $O(n\log_2 n)$ 的是（　　　）。

    A. 堆排序　　　B. 冒泡排序　　　C. 希尔排序　　　D. 快速排序

### 三、简答题

1. 什么是内排序？什么是外排序？哪些排序方法是稳定的？哪些排序方法是不稳定的？

2. 比较各种不同排序方法的优缺点。

3. 排序是一种不稳定的方法，举例说明之。

# 实 训 演 练

## 一、算法应用题

给出初始数列为（12，21，15，17，96，85，53）的建堆过程。

**二、算法设计题**

1. 用选择排序实现 10 个字符串从大到小的排序。

2. 写出初始数列为（10，6，39，85，78，100）的不同排序的完整程序。

（1）右插入排序。

（2）直接选择排序。

3. 写一个改进的冒泡排序算法。改进的过程是这样的：从正、反两个方向地交替进行扫描，即第一次把最大记录放到最末尾，第二次把最小记录放到最头上，如此反复进行。

4. 用非递归算法实现二路归并排序。

# 第 **10** 章

为了在某个大型数据集合中取得一条符合要求的数据，扫描该数据集合的过程就是查找。查找是数据处理中经常用到的一种重要运算。在日常生活和生产实际中，查找无所不在。例如，在考试结束后的规定时间内，可以查询考试成绩；给朋友打电话时需要查找电话号码；买火车票时需要查找车次等等。这些操作都可以归结为查找。但是，不同场合下的查找效率有可能不完全相同，这取决于查找的对象所用的数据结构。

本章主要介绍基于各种不同存储结构（如线性表、树和散列表等）的查找算法及其应用。

**本章要点：**

- 查找的基本概念
- 线性表的查找
- 树的查找
- 散列表的查找

**本章难点：**

- 各种不同的查找方法

## 10.1 基 本 概 念

在日常生活中，经常会遇到查找某人的电话号码、QQ 号码或查找某单位符合条件的教职工等问题都属于查找的范畴。查找（Search）又称检索，是在数据处理过程中经常用到的一种运算。下面介绍一些与查找有关的基本概念。

### 1. 关键字

关键字（key）是数据元素（或记录）中某个数据项的值，用它可以标识（或识别）一个数据元素。查找就是在给定的一组数据中找出与关键字相等的数据元素。有些关键字不能唯一标识一个数据元素，而有的关键字可以唯一标识一个数据元素。例如，描述一个考生的信息，这些信息包含：考号、姓名、性别、年龄、家庭住址、电话号码、成绩等。如将姓名作为关键字，很显然不能唯一标识一个数据元素，但将考号作为关键字就可以唯一标识一个数据元素。将能唯一标识一个数据元素的关键字称为主关键字，其他关键字称为辅助关键字或从关键字。

### 2. 查找

查找就是根据给定的值，在一个表中查找出其关键字等于给定值的数据元素，若表中有这样的元素，则称查找成功，此时，查找的信息为给定整个数据元素的输出或指出该元素在表中的位置；若表中不存在这样的记录，则称查找不成功，或称查找失败，同时可以给出相应的提示。

根据是否要修改查找的对象，查找分为两类：静态查找和动态查找。仅进行查询和检索操作的查找称为静态查找；在查找过程中同时插入表中不存在的数据元素，或者从表中删除已存在的某个数据元素称为动态查找。

根据查找是否在内存进行，查找分为两类：内查找和外查找。若整个查找过程全部在内存进行，则称内查找；若在查找过程中还需要访问外存，则称外查找。本章中主要介绍内查找。

### 3. 平均查找长度

为了衡量查找算法的效率，经常用到平均查找长度。所谓平均查找长度，是指在查找过程中对关键字所需要执行的平均比较次数。平均查找长度经常用于衡量查找算法的效率。对于一个含有 $n$ 个元素的表，查找成功时的平均查找长度可表示为 $\text{ASL}=\sum_{i=1}^{n} p_i c_i$，其中 $p_i$ 为查找第 $i$ 个元素的概率，且 $\sum_{i=1}^{n} p_i =1$。一般情形下，认为查找每个元素的概率相等，$c_i$ 为查找第 $i$ 个元素所用到的比较次数。

# 10.2　线性表的查找

根据查找的对象所用的结构不同，可将查找分为线性表查找、树查找、散列表查找等。其中，线性表的查找是最常用的一种查找方法，根据查找所用的技术不同，可分为顺序查找、二分查找和分块查找。本节主要介绍顺序查找、二分查找和分块查找。

## 10.2.1　顺序查找

### 1. 顺序查找的基本思想

顺序查找是线性表查找中最简单的一种查找方法，它适用于前面介绍的各种结构表示的线性表。查找的表中元素可以是无序的。它的基本思想是：从表的一端开始，顺序扫描线性表，依次将扫描到的结点关键字和待找的值相比较，若相等，则查找成功，若整个表扫描完毕，仍未找到关键字等于待找的值元素，则查找失败。

例 10.1：假设有 6 个结点，它们在线性表（58，23，14，63，9，79）中，现在要查找结点 14 是否在此线性表中。查找过程如下：

① 14 与线性表的第 0 个结点 58 比较，它们不相等；

② 14 与线性表的第 1 个结点 23 比较，它们也不相等；

③ 与接下来的结点依次比较，可以得出结点 14 在此线性表中的结论，即查找成功。

### 2. 顺序查找算法

假设有 N 个结点存放在一维数组 a[N]中，待查找的结点为 X，datatype 为结点的类型，算法描述如下：

```
#define  N  100
struct   node
{ …;
```

```
    int    key;        //key 为关键字，类型设定为整型
    };
    typedef struct node datatype;
    int seqsearch(datatype  x,datatype a[N])
    {
      int  i=0;
      while(x.key!=a[i].key&&i<N)   i++;
      if(i>=N)  return(0);else  return(1);
      }
```

若线性表是链接存储，待查找的结点为 X，datatype 为结点的类型，算法描述如下：

```
    #define  N  100
    int  seqsearch(datatype  x,datatype *head)
    {
      datatype  *p1=head,*p2;
      int i=0;
      while(x.key!=p2->key&&p1->link!=NIL)   {p2=p1;p1=p1->link;i++;}
      if(p1->link==NIL)  return(0);else  return(1);
      }
```

### 3. 顺序查找性能分析

从描述的算法可以看出，顺序查找最大的优点是实现简单，通俗易懂，对查找的表结构以及对查找的对象是否按关键字排序无任何要求；缺点是检索的时间长，比较的次数与结点的次数成正比。

当查找的对象元素个数比较多时，不太适合使用顺序查找。

## 10.2.2　二分查找

### 1. 二分查找的基本思想

顺序查找在结点个数较多的情况下，查找的时间很长。为了提高效率，往往采用另一种查找方法，即二分查找（又称折半查找）。需要注意的是，二分查找必须要求查找的数据集合已排好序并按顺序存储。

假设查找的数据集合已经按升序排列，并存储在一维数组 a[n]中，二分查找的基本思想是：首先将待查值 K 与有序表 a [0]到 a [n-1]的中点 mid 上的关键字 a [mid].key 进行比较，若相等，则查找成功；否则，若 a[mid].key>k，则在 a[0]到 a[mid-1]中继续查找，若有 a [mid].key<k，则在 a[mid+1]到 a[n-1]中继续查找。每通过一次关键字的比较，区间的长度就缩小一半，区间的个数就减少一半，如此不断进行下去，直到找到关键字为 K 的元素；若当前的查找区间为空，则查找失败。

例 10.2：假设有 6 个结点，它们在线性表（58，23，14，63，9，79）中，现在要查找结点 9 是否在此线性表中。查找过程如下：

① 对 6 个结点进行排序，排序后结点的次序为（9，14，23，58，63，79）。

② 取到 6 个结点的中间结点（即 23），用 9 与 23 进行比较，得出 9 比 23 小，说明 9 出现在结点 23 的左边。再继续找线性表（9，14）的中间结点（即 9），用要查找的结点 9 与中间结点 9 进行比较，可以得出它们相等，说明结点 9 在此线性表中，即查找成功。

### 2. 二分查找算法

假设有 N 个结点存放在一维数组 a[N]中并排好序，待查找的结点为 x，datatype 为结点的类型，算法描述如下：

```
#define  N  100
int  binsearch(datatype  x，datatype  a[N])
{
  int  top=0,bottom=N-1,mid;
  mid=(top+bottom)/2;
  while(x.key!=a[mid].key&&top<=bottom)
  {
    if(x.key>a[mid].key)  top=mid+1;
    if(x.key<a[mid].key)  bottom=mid-1;
    mid=(top+bottom)/2;
  }
  if(top<=bottom)  return(mid);else  return(0);
}
```

### 3. 二分查找性能分析

从算法可以看出，二分查找的效率比顺序查找要高得多。但二分查找的缺点就是要求查找对象已排好序并按顺序存储。因此，二分查找适用于一种经常需要进行检索但又很少改动的线性表。二分查找的时间复杂度为 $O(\log_2 n)$。

## 10.2.3   分块查找

### 1. 分块查找的基本思想

分块查找又称索引查找，它可以允许处理的线性表进行动态变化，而且算法效率很高。但它比较复杂。

分块查找的基本思想是：先将查找对象分成若干子线性表，然后为它们建立一个父表，用待查找的结点与父表中的结点进行比较，找到待查找的结点所在的子线性表，最后在子线性表中用前面介绍的任一种方法查找要找的结点。其中父表称为索引表，子线性表称为块。因此，分块查找的关键步骤是分块和建立索引表，而且必须要求索引表中元素是有序的。

根据查找对象的特点，可以选用不同的方法进行分块，一般都是根据元素的码值在一定的范围进行，然后在所有的子线性表中找出最大或最小的元素组成索引表。当然，块不能分得太少，这样就使得块中的元素增多，用顺序查找速度会慢，而用二分查找又要求对块中元素先排序。但可以适当地把块分多一些（当然也不能太多），使索引表中的元素增多，从而提高查找速度。

### 2. 分块查找算法

假设有 N 个结点存放在一维数组 a[N]中，待查找的结点为 x，结点的类型为 datatype1。根据分块查找的性质，对算法作出如下说明：可以用分块查找且索引表中的元素有 M 个，存放在数组 b[M]中，结点的类型为 datatype2，b[M]中的元素有两个域，一个为 key 域，对应块中元素的最小值（即该块中的界），一个为 local 域，对应块中的起始元素的位置（即块的始址）。

分块查找算法描述如下：

```
#define  N  100
#define  M  10
int  blocksearch(datatype1 a[N], datatype2 b[M], datatype1 x)
{
  int i=0,j;
  while(x.key<b[i].key&&i<=M-1)  i++;
  if(i>M-1)  return(0);
  for(j=b[i].local;j<=b[i+1].local-1;j++)
    if(a[j].key==x.key)  break;
  if(j>b[i+1].local-1) return(0); else return(j);
}
```

### 3. 分块查找性能分析

分块查找是一种性能介于顺序查找和二分查找之间的一种查找方法，但它要求先对查找表建立一个索引表，再进行分块查找。并不是任何线性表都可以直接用分块查找。

若将长度为 $n$ 的表分成 $b$ 块，每块含 $s$ 个记录，并设表中每个记录查找概率相等，则用折半查找方法在索引表中查找索引块，$ASL_{块间} \approx \log_2(n/s+1)$，用顺序查找方法在主表对应块中查找记录，$ASL$ 块内 $= s/2$，$ASL \approx \log_2(n/s+1) + s/2$。

# 10.3  树表的查找

前面介绍的查找方法中，查找对象是线性结构。除此之外，还有一种更复杂的查找，查找对象主要是非线性对象。本节主要介绍的查找方法就是以非线性结构为查找对象。非线性结构包括二叉排序树和平衡二叉树。

## 10.3.1  二叉排序树查找

### 1. 二叉排序树的概念

二叉排序树（Binary Sorting Tree）或者是一棵空树，或者是一棵具有如下特征的非空二叉树：
① 若它的左子树非空，则左子树上所有结点的关键字均小于根结点的关键字；
② 若它的右子树非空，则右子树上所有结点的关键字均大于等于根结点的关键字；
③ 左、右子树本身又都是一棵二叉排序树。

一棵二叉排序树，若按照中序遍历进行访问，得到的序列是有序的，如图 10.1 所示。图 10.1（a）是一棵二叉排序树，图 10.1（b）是一棵非二叉排序树。

（a）二叉排序树        （b）非二叉排序树

图 10.1  二叉树

**2. 二叉排序树查找的基本思想**

二叉排序树查找的基本思想：给定一棵二叉排序树和一个待查找的值，若二叉排序树为空，则查找失败。否则，先把二叉排序树的与待查找的值进行比较，若相等，则查找成功；若根结点值大于待查找的值，则查找左子树重复此步骤，否则，查找右子树重复此步骤；若在查找过程中，遇到二叉排序树的叶子结点时，还没有找到待查找的结点，则查找失败。

例 10.3：假设在图 10.1（a）所示的二叉排序树中查找关键字值 38 和 80。查找过程如下：

① 分别将查找关键字值 38 和 80 与二叉排序树的根结点值 58 进行比较，可以得出，38 比根结点值 58 小，因此查找左子树。80 比根结点值 58 大，因此查找右子树。

② 将关键字值 38 与左子树根结点值 13 进行比较，可以得出，38 比根结点值 13 大，因此查找右子树。将关键字值 80 与左子树根结点值 64 进行比较，可以得出，80 比根结点值 64 大，因此查找右子树。

③ 将关键字值 38 与右子树根结点值 37 进行比较，可以得出，38 比根结点值 37 大，因此查找右子树。将关键字值 80 与右子树根结点值 92 进行比较，可以得出，80 比根结点值 92 小，因此查找左子树。

④ 此时，发现右子树为空，所以查找失败，即 38 不在此棵二叉排序树中。将关键字值 80 与左子树根结点值 80 进行比较，可以得出，它们相等，因此查找成功，即 80 在此棵二叉排序树中。

**3. 二叉排序树查找算法**

在二叉排序树中进行的查找称为二叉查找法。假设二叉排序树的根结点为 root，二叉排序树的结点类型为 datatype，待查的结点关键字值为 k，二叉查找法的算法描述如下：

```
datatype  *search(int k, datatype *root)
   /*在以 root 为根指针的二叉排序树中查找关键值为 k 的结点*/
{datatype *p;
  p=root;
  while(p!==NULL)
  { if(p->key==k) return(p);                /*查找成功*/
    else if(p->key>k)  p=p->lch;            /*进入左子树查找*/
        else p=p->rch;                      /*进入右子树查找*/
    }
return(NULL);
  }
```

**4. 二叉排序树查找性能分析**

在二叉排序树查找中，成功的查找次数不会超过二叉树的深度。在最好的情况下，二叉排序树为一近似完全二叉树时，其查找深度为 $\log_2 n$，即其时间复杂度为 $O(\log_2 n)$。在最坏的情况下，二叉排序树为近似线性表时，如以升序或降序输入结点时，其查找深度为 $n$，即其时间复杂度为 $O(n)$。

一般情形下，其时间复杂度大致可看成 $O(\log_2 n)$，比顺序查找效率要好，但比二分查找要差。

## 10.3.2 平衡二叉树查找

### 1. 平衡二叉树的概念

平衡二叉树（Balanced Binary Tree）是由阿德尔森-维尔斯（Adelson-Velskii）和兰迪斯（Landis）于 1962 年首先提出的，因此，又称为 AVL 树。

在一棵二叉树中，若每个结点的左、右子树的深度之差的绝对值不超过 1，则称此二叉树为平衡二叉树。一个结点的左子树深度减去右子树深度的值，称为该结点的平衡因子（Balance Factor）。AVL 树任一结点平衡因子只能取-1, 0, 1。若某个结点的平衡因子的绝对值大于 1，则这棵二叉搜索树就失去了平衡，不再是 AVL 树。

图 10.2（a）所示是一棵平衡二叉树，图 10.2（b）所示二叉排序树就不是一棵平衡二叉树。

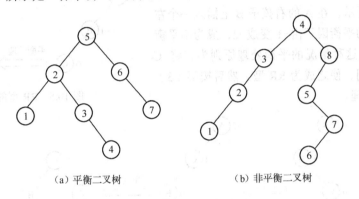

（a）平衡二叉树　　　　　　（b）非平衡二叉树

图 10.2　二叉排序树

### 2. 非平衡二叉树的平衡处理

若一棵二叉排序树是平衡二叉树，插入某个结点后，可能会变成非平衡二叉树，这时，就需要对该二叉树进行平衡处理，使其仍是一棵平衡二叉树。这种不平衡的处理原则是处理与插入点最近的、而平衡因子又比 1 大或比-1 小的结点。下面分四种情况讨论平衡处理的原则。

（1）LL 型的处理

如图 10.3 所示，在 A 的左孩子 B 上插入一个左孩子结点 C，使 A 的平衡因子由 1 变成了 2，成为不平衡的二叉树序列。这种情况的平衡处理原则为：将 A 顺时针旋转，成为 B 的右子树，而原来 B 的右子树则变成 A 的左子树，待插入结点 C 作为 B 的左子树。（图中结点旁边的数字表示该结点的平衡因子）

图 10.3　LL 型的处理

（2）LR 型的处理

如图 10.4 所示，在 A 的左孩子 B 上插入一个右孩子 C，使的 A 的平衡因子由 1 变成了 2，成为不平衡的二叉排序树。这种情况的平衡处理原则为：将 C 变到 B 与 A 之间，使之成为 LL 型，然后按第(1)种情形 LL 型处理。

（3）RR 型的处理

如图 10.5 所示，在 A 的右孩子 B 上插入一个右孩子 C，使 A 的平衡因子由-1 变成-2，成为不平衡的二叉排序树。这种情况的平衡处理原则为：将 A 逆时针旋转，成为 B 的左子树，而原来 B 的左子树则变成 A 的右子树，待插入结点 C 成为 B 的右子树。

图 10.4    LR 型的处理

（4）RL 型的处理

如图 10.6 所示，在 A 的右孩子 B 上插入一个左孩子 C，使 A 的平衡因子由-1 变成-2，成为不平衡的二叉排序树。这种情况的平衡处理原则为：将 C 变到 A 与 B 之间，使之成为 RR 型，然后按第（3）种情形 RR 型处理。

图 10.5    RR 型的处理

图 10.6    RL 型的处理

### 3. 平衡二叉树的查找

平衡二叉树本身就是一棵二叉排序树，所以它的查找与二叉排序树完全相同。但是，它的查找性能优于二叉排序树，时间复杂度与二叉排序树的最好时间复杂相同，都为 $O(\log_2 n)$，不会出现二叉排序树查找时的最坏情况。

# 10.4    散列表查找

前面介绍了一系列查找方法，可以发现这些查找方法有一个共同的特点：都要把待查找的结点所对应的关键值与查找对象的关键值依次进行比较，从而找到它的位置。很显然，它们的查找速度与查找对象的长度和初始状态有着密切的关系。那么，是否存在一种查找方法与查找对象的长度无关，不需要进行比较而直接根据要查找的结点就能够找到它的位置呢？这种查找方法称为散列表查找，又称哈希查找。

## 10.4.1    散列表的概念

要实现散列表查找，最重要的是建立散列表。常用的方法是关键字地址转换法，它的基本思想是：以查找对象所对应的关键值为自变量，通过一定的函数关系（这个函数称为散列函数），计算出所对应的函数值，把这个函数值作为该结点的存储地址，查找时，将待查找的结点所对应的关键值用同一函数求出所对应的函数值，根据函数值即可找出所对应的结点位置。

可以看出，散列表查找重要的一个步骤是建立散列函数，这个函数建立的好坏直接关系查找的效率。建立散列函数，一般应该注意以下几个问题：

### 1. 选择散列函数的标准

一个问题可使用的散列函数往往有很多，原则上，应选择一个计算简便、函数值分布均匀并且尽可能产生较少冲突的函数。大多数情况下，必须依照实际情况建立它的散列函数。

### 2. 散列函数值域的确定

为了得到一个好的散列函数，在确定散列函数之前，可以给定一个值域，这样可能对建立合适的散列函数有帮助。

设需要用散列表存储的结点数为 $n$，每个函数值所对应的存储区间称为一个桶。如果每个桶可以存放 $m$ 个结点（$m \geq 1$），这样，存储 $n$ 个结点就至少需要$[n/m]$个桶（记为 $x$），可由此确定函数的值域。因此，可以考虑用一个二维数组来表示这个散列表即 $a[x][m]$，桶数表示行数，桶中元素的个数表示列数。

### 3. 确定解决冲突的方法

实际上，在前面的介绍中蕴含了一个简单的问题，如果桶中装的元素不唯一，就表示它们的函数值是相同的，即表示它们的存储地址是相同的，这种现象称为冲突。一般来说，关键值所包含的元素往往比值域中的元素要大得多，所以冲突很难避免。因此，必须研究确定一些解决冲突的方法。

## 10.4.2　散列函数的构造

散列函数的种类很多，这里主要介绍一些常用、简单且效率比较高的散列函数。

### 1. 数字分析法

数字分析法适用于结点的关键值已知的情况。首先，对结点的所有关键值进行分析；其次，找出数字分布不均匀的位；最后，把这些位上的数字组成的数作为每个结点的存储地址，即构成散列函数。

例 10.4：假设有以下的关键值

| key | h(key) |
|---|---|
| 001236987 | 368 |
| 001298927 | 982 |
| 001285835 | 853 |
| 001274917 | 741 |
| 001257805 | 570 |

通过分析，发现这些关键值由 9 位数字构成，其中第 5、6 和 8 位上的数字分布不均匀，所以得到右边对应的函数值。

### 2. 移位法和折叠法

（1）移位法

假设知道地址域中地址值的位数为 $m$，首先，把关键值从最低位开始分成位数为 $m$ 的若干段（最后有可能小于 $m$）；其次，把这些段按位依次相加得到它们的和（去掉最高位的进位）；最后，取和的 $m$ 位作为每个结点的存储地址即构成散列函数。这种方法为移位法。

例 10.5：假设有关键值为 124356879，地址值的位数为 3，则用移位法有 $124 + 356 + 879 = 1359$，去掉进位得出 359 即为该关键值的函数值，也可以用前面的方法继续处理。

（2）折叠法

如果是随机地分成位数相同的若干段，并将得到的段逆转相加，取相同位数的和作为结点的存储地址即构成散列函数。这种方法称为折叠法。

例 10.6：假设有关键值为 124356879，分成的位数为 3，则用折叠法有 $421 + 653 + 978 = 2052$，去掉进位得出 052 即为该关键值的函数值，也可以用前面的方法继续处理。

### 3. 平方取中法

平方取中法是求关键值的平方，然后取平方中的若干位作为每个结点的存储地址即构成散列函数。这种方法不需要事先知道关键值的情况，比较简单，而且得到地址值较均匀。

例 10.7：假设有关键值为 123456，则此关键值的平方为 15241383936，取中间的 4 位为地址，得 h（key）=4138。

### 4. 除余法

除余法也是一种比较简单的构造方法。它是这样一种方法：取一个跟地址域中地址个数差不多大小的一个整数 $p$（通常为质数），将每个关键值去除以此数得到的余数即为该关键值的存储地址。即 h(key)=key%p。

例 10.8：假设给定一组关键字为 12，39，18，24，33，21，若取 $p$=9，则对应的哈希函数值将为 3，3，0，6，6，3。

### 5. 基数转换法

基数转换法是一种数制间转换的方法。首先将给出的关键值看成是一种数制上的数，然后将关键值转换成原来数制上的数，最后取低位上的数值，即为对应的存储地址。

例 10.9：假设有十进制的关键值为 123456，现在把它看成是八进制的数，再将它转换成十进制的数。即有：

$$(123456)_8=1\times8^5+2\times8^4+3\times8^3+4\times8^2+5\times8^1+6\times8^0$$
$$= (42798)_{10}$$

取低三位则得 798 为关键值 123456 的存储地址。

## 10.4.3　处理冲突的方法

散列函数处理得不好，就可能产生于冲突。这里介绍一些常用的解决冲突的方法。

### 1. 开放定址法

开放定址法是指当冲突发生时，用某种方法在存储区域内形成一个探查序列，沿着这个探查序列一个单元一个单元地查找，直到找到这个关键值或碰到一个开放的地址为止。插入时，若碰到开放的地址则可以在这个地址里存放同义词。检索时，若碰到开放的地址则说明表中没有待查的关键值。

开放定址法利用公式求"下一个"空地址：

$$H_i = (H(\text{key}) + d_i) \text{MOD } m, \quad i = 1, 2, \ldots, K \qquad (K \leqslant m-1)$$

其中：H（key)为哈希函数，$m$ 为哈希表长度，$d_i$ 为增量序列。当 $d_i$ 取 $1, 2, 3, \cdots, m-1$ 时，称这种开放定址法为线性探测再散列。

例 10.10：对给定的关键字序列 18, 14, 23, 1, 60, 20, 48, 27, 35，给定哈希函数为 $H(k) = k\%12$，试用开放定址法解决冲突建立哈希表，如图 10.7 所示。

| 0 | 1 | 2 | 3 | 4 | 5 | 6 | 7 | 8 | 9 | 10 | 11 |
|---|---|---|---|---|---|---|---|---|---|----|----|
| 60 | 1 | 14 | 48 | 27 | 35 | 18 |  | 20 |  |  | 23 |

图 10.7　用开放定址法建立哈希表

#### 2. 拉链法

拉链法又称链地址法，是把相互发生冲突的同义词用一个单链表链接起来，若干组同义词可以组成若干个单链表。

例 10.11：对给定的关键字序列 18,14,23,1,60,20,48,27,35，给定哈希函数为 $H(k) = k\%12$，试用拉链法解决冲突建立哈希表，如图 10.8 所示。

图 10.8　用拉链法建立哈希表

### 10.4.4　散列表的查找分析

通过前面的介绍可以看出，如果一个散列函数认为是均匀的，即不考虑它可能造成的不同影响，则散列表的平均查找长度完全由散列表的装填因子和处理冲突的方法两个因素决定。在选定了处理冲突的方法之后，装填因子就成为一个可调节的因素，由于装填因子越小，发生冲突的可能就越小，平均查找长度当然也就越短，这样，就可以在实际应用中根据需要对时间和空间进行权衡。不管记录总数的多少，总可以通过合适地选择某个值，来使平均查找长度限定在一定范围内，满足应用的需要。

在散列表中，若桶容量为 1，则在无冲突的情况下，可以直接由关键字得到记录地址，有冲突的情况下仍需进行一系列与关键字的比较。但多数情况下，尤其对于存放在外存的记录来说，一般都不可能有每桶存放一个记录的情况，所以，对散列表，可以通过对关键字的变换得到一个桶地址，还要在桶内乃至溢出区查找所要的记录，这也是要通过比较的。一般来说，并不期望通过对关键字的变换就能直接得到对应的地址，而是可以根据所要求的比较次数来进行设计。和其他查找表不同的是，比较次数是不受结点长度的限制，它是可以按需要调节的。由此可见，散列表查找方法是一种实用性很强的查找技术。

散列表基本是顺序存储的，但如果采用链地址处理冲突，它就成为链式存储的查找表，有些情况下，还用到顺序存储和链接存储相结合的方法，如利用溢出区处理冲突的情形。散列表主要用于静态查找，但是在表中预留足够的空间，也可以进行少量的动态查找。

# 10.5　经典应用实例

在生活和工作中，经常要对数据进行查找，如查找电话号码、查找考试分数等。下面主要介绍查找在实际计算机处理中的应用以及如何用数据结构的理念实现。介绍了两个应用实例，一个是模拟算法查询过程，通过这个例子可以进一步理解算法的实现过程；另一个是电话号码查询。

## 10.5.1　模拟算法查询过程

### 1. 问题描述

对给定的任意数组（设其长度为 $n$），分别用顺序查找和二分查找方法在此数组中查找与给定值 $k$ 相等的元素。要求编写程序，模拟这两种算法的查找过程。

### 2. 数据结构分析

以顺序表表示静态查找表，静态查找表的顺序存储结构描述如下：

```
#define MAXL 100
typedef int KeyType;
typedef char InforType[10];
typedef struct
{   KeyType  key;
    InforType  data;
}NodeType;
typedef NodeType SeqList[MAXL];
```

### 3. 实体模拟

设有一组 10 个元素的有序表：{1, 2, 3, 4, 5, 6, 7, 9, 10, 11}，要求查找元素值 "key=6" 的位置。数据与对应的位置如图 10.9 所示。

| 位置 | 0 | 1 | 2 | 3 | 4 | 5 | 6 | 7 | 8 | 9 |
|------|---|---|---|---|---|---|---|---|----|----|
| 数据 | 1 | 2 | 3 | 4 | 5 | 6 | 7 | 9 | 10 | 11 |

图 10.9　有序表

在查找过程中，设有一个计数器 K（初始值为 0）记录结点的位置。顺序查找和折半查找模拟过程分别如下：

（1）顺序查找模拟过程

首先将待查关键字 key 与 ST.elem[K].key 比较，如果 ST.elem[K].key 和 key 不相等，则继续往后查询，K=K+1；再将关键字 key 与 ST.elem[K].key 比较，如果 ST.elem[K].key 和 key 仍然不相等，则继续往后查询，K=K+1；同理将关键字 key 与 ST.elem[K].key 比较；……；依此类推，直到执行到 ST.elem[K].key=key 时为止。由于 key 与 ST.elem[K].key 相等，结束查询，返回待查关键字的位置信息 K=5。

（2）折半查找模拟过程

假设指针 low 和 high 分别为指示待查元素所在范围的下界和上界，指针 mid 指示此范围的中间位置，即 $mid = \lfloor (low + high)/2 \rfloor$。在此例中，low 和 high 初值分别为 0 和 9，即[0,9]为待查范围，如图 10.10 所示。

对于给定值 key=6，则查找过程如下：

首先，令查找范围中间位置的数据元素的关键字 ST.elem[mid].key 与给定的值 key 相比较，因为 ST.elem[mid].key<key，说明待查元素若存在，则必在区间[mid+1,high]的范围内，则令指针 low 指向第 mid+1 个元素，重新求得 $mid = \lfloor (5+9)/2 \rfloor = 7$，如图 10.11 所示。

仍以关键字 ST.elem[mid].key 与给定的值 key 相比较，因为 ST.elem[mid].key>key，说明待查元素若存在，则必在区间[low,mid-1]的范围内，则令指针 high 指向第 mid-1 个元素，重新求

得 $mid = \lfloor (5+6)/2 \rfloor = 5$，比较 ST.elem[mid].key 和 key 的值相等，则查找成功。所查元素在表中的序号等于指针 mid 的值，如图 10.12 所示。

图 10.10　初值

图 10.11　第一次查找结果

图 10.12　第二次查找结果

### 4. 算法实现

```
#define MAXL 100
typedef int KeyType;
typedef char InforType[10];
typedef struct
{  KeyType  key;
   InforType  data;
}NodeType;
typedef NodeType SeqList[MAXL];
/*顺序查找模拟*/
int SeqSearch(SeqList R,int n,KeyType k)
{
 int i=0,j=0;
 while(i<=n)
 {
    printf("第%d次比较的元素: %d\n",i+1,R[i].key);
    if(R[i].key==k) break;
    i++;
 }
 if(i>=n) return -1;
 return i;
 }
/*二分查找模拟*/
int count=0;
int BinSearch(SeqList R,int n,KeyType k)
{
 int low=0,high=n-1,mid;
 while(low<=high)
 {
 mid=(low+high)/2;
 printf("第%d次查找: 在[%d,%d]中找到元素R[%d]:%d\n",++count,low,high,
mid,R[mid].key);
 if(R[mid].key==k)
    return mid;
 if(R[mid].key>k)
    high=mid-1;
 else
    low=mid+1;
```

```
    }
    return -1;
  }
```

## 5. 源程序及运行结果

源程序代码：

```
/*此处插入 4 中的算法*/
int main()
{
  SeqList R;
  KeyType k=7;
  int n=10,j=0;
  int a[]={1,2,3,4,5,6,7,9,10,11},i;
  for(i=0;i<n;i++)
     R[i].key=a[i];
  printf("\n");
  printf("输出有序数据序列为: \n");
  while(j<n)
  {
    printf("%3d",R[j]);
    j++;
  }
  printf("\n\n ");
  printf("顺序查找的模拟过程为: \n");
  if((i=SeqSearch(R,n,k))!=-1)
  {
     printf("用顺序查找比较的次数是:%d\n",i+1);
     printf("元素%d 的位置是:%d\n",k,i);
  }
  else
  {  printf("用顺序查找比较的次数是:%d\n",i+1);
     printf("元素%d 的位置不在表中\n",k);
  }
  printf("\n\n ");
  printf("二分查找的模拟过程为:\n");
  if((i=BinSearch(R,n,k))!=-1)
  {
     printf("用二分查找比较的次数是:%d\n",count);
     printf("元素%d 的位置是:%d\n",k,i);
  }
  else
  {
     printf("用二分查找比较的次数是:%d\n",count);
     printf("元素%d 的位置不在表中\n",k);
  }
  printf("\n");
  return 0;
```

```
            }
```
运行结果如图 10.13 所示。

### 10.5.2　电话号码查询

#### 1. 问题描述

电话号码查询系统主要分为两大模块：录入模块和查询模块。

① 录入模块，可根据系统提示的信息填写信息，填完相应的信息，可按 Enter 键存储。以姓名和电话号码为关键字，分别用哈希函数运算出一个相对应的值，把这个值作为结点的存储地址，分别存入姓名散列表和电话号码散列表的对应位置。

② 查询模块分为两部分：姓名查询和号码查询，

图 10.13　算法模拟问题运行结果

姓名查询可由一个姓名查到多个记录号码查询，属于一一映射。查找时，通过所要寻找的关键字用同样的哈希函数计算地址，判断存储的内容是否跟关键字一样，若一样则可找到要查找的内容，否则无此记录。

在查询系统中处理的问题如下：

① 从键盘输入各记录，分别以电话号码和用户名为关键字建立散列表；

② 采用双散列法解决冲突；

③ 查找并显示给定电话号码的记录；

④ 查找并显示给定用户名的记录。

#### 2. 数据结构分析

每个记录包含下列数据项：电话号码、姓名、地址、下一个结点指针域等，如图 10.14 所示。

| 信息结点 | 电话号码 | 姓名 | 地址 | next域 |
| --- | --- | --- | --- | --- |

图 10.14　记录包含的数据库

其数据结构描述如下：
```
struct Node
{
    char name[8];
    char address[20];
    char num[11];
    struct Node *next;
};
```

#### 3. 实体模拟

用散列表实现电话号码查找系统，采用姓名和电话号码作为关键字，动态分配存储空间，根据姓名和电话号码分别进行哈希排序，建立不同的数组分别存放姓名和电话号码，能实现电话号码信息的插入、删除、查找、保存等操作，采取线性探测法解决冲突。

查询系统的菜单：0. 添加记录，3. 查找记录，2. 姓名散列，4. 号码散列，…，7. 退出系统。用户按照系统提示，输入相应的信息，便可得到对应结果。

具体参看程序运行结果。

## 4. 算法实现

```
#define NULL 0
unsigned int key;
unsigned int key2;
int *p;
struct Node
{
char name[8];
char address[20];
char num[11];
struct Node *next;
};
typedef Node *pNode,*pName;
Node **phone,**nam, *a;
/*以人的电话号码为关键字，建立相应的散列表*/
void hash(char num[11])
{  int i=3;
    key=(int)num[2];
    while(num[i]!=NULL)
    {   key+=(int)num[i];i++; }
    key=key%20;
 }
/*以人的姓名为关键字，建立相应的散列表*/
void hash2(char name[8])
{ int i=1;
  key2=(int)name[0];
  while(name[i]!=NULL)
  {   key2+=(int)name[i];   i++;}
   key2=key2%20;
 }
/*输入结点*/
Node *input()
{ Node *temp;
  temp=new Node;
   temp->next=NULL;
   printf("  输入姓名(最多 8 个字符):");
   scanf("%s",&temp->name);
   printf("  输入地址(最多 20 个字符):");
   scanf("%s",&temp->address);
   printf("  输入电话(最多 11 个字符):");
   scanf("%s",&temp->num);
   return temp;
 }
/*添加结点*/
int append()
{  Node *newphone, *newname;
   newphone=input();   newname=newphone;
   newphone->next=NULL;   newname->next=NULL;
   hash(newphone->num);   hash2(newname->name);
```

```
    newphone->next=phone[key]->next;
    phone[key]->next=newphone;
    newname->next=nam[key2]->next;
    nam[key2]->next=newname;
    return 0;
 }
/*新建电话号码数组*/
void create()
{ int i;
  phone=new pNode[20];
  for(i=0;i<20;i++)
  {    phone[i]=new Node;phone[i]->next=NULL; }
}
/*新建姓名组*/
void create2()
{ int i;
  nam=new pName[20];
  for(i=0;i<20;i++)
  {    nam[i]=new Node;nam[i]->next=NULL; }
 }
/*显示列表（号码散列）*/
void list()
{ int i;
  Node *p;
  for(i=0;i<20;i++)
   { p=phone[i]->next;
     while(p)
     {   printf("%s_%s_%s\n",p->name,p->address,p->num);
         p=p->next;
     }
   }}
/*显示列表（姓名散列）*/
void list2()
{  int i;
   Node *p;
   for(i=0;i<20;i++)
   {   p=nam[i]->next;
       while(p)
       {  printf("%s_%s_%s\n",p->name,p->address,p->num);
          p=p->next;
       }
    }
 }
/*姓名查找*/
void find2(char name[8])
{ hash2(name);
  Node *q=nam[key2]->next;
  while(q!=NULL)
   {    if(strcmp(name,q->name)==0)     break;
        q=q->next;
```

```
            }
    if(q)     printf("%s_%s_%s\n",q->name,q->address,q->num);
    else      printf("无此记录\n");
        }
/*保存用户信息*/
void save()
{   int i;
    Node  *p;
    FILE  *fout;
    if((fout=fopen("out.txt","w"))!=NULL)
        {   for(i=0;i<20;i++)
            {   p=phone[i]->next;
                while(p)
                {   fprintf(fout,"%s_%s_%s\n",p->name,p->address,p->num);
                    p=p->next;
                }
            }
        }
    fclose(fout);
    }
/*菜单*/
void menu()
{   printf("\t*********欢迎使用电话号码查询系统******\n");
    printf("\t\t*0.添加记录              *\n");
    printf("\t\t*1.姓名查找              *\n");
    printf("\t\t*2.姓名散列              *\n");
    printf("\t\t*3.号码散列              *\n");
    printf("\t\t*4.清空记录              *\n");
    printf("\t\t*5.保存记录              *\n");
    printf("\t\t*6.退出系统              *\n");
    printf("\t*************************************\n");
    }
```

## 5. 源程序及运行结果

```
#include <iostream.h>
#include <string.h>
#include <stdlib.h>
#include <stdio.h>
/*此处插入 4 中的算法*/
int main()
{
char num[11],name[8];
int sel;
menu();
while(1)
{
    printf("请选择操作序号(0-6):");
    scanf("%d",&sel);
    switch(sel)
    {
```

```
        case 1: printf("请输入姓名:");
                scanf("%s",&name);
                printf("输出查找信息:\n");
                find2(name);
                break;
        case 2: printf("姓名散列结果:\n");
                list2();
                break;
        case 0: printf("请输入要添加的内容:\n");
                append();
                break;
        case 3: printf("号码散列结果:\n");
                list();
                break;
        case 4: printf("列表已清空: \n");
                create();
                create2();
                break;
        case 5: printf("通信录已保存: \n");
                save();
                break;
        case 6:return 0;
            }
        }
    return 0;
    }
```

运行结果如图 10.15 所示。

图 10.15　电话号码查询问题运行结果

# 小　结

　　本章主要介绍了各种不同的查找方法，包括查找的基本概念、线性表的查找、树的查找和散列表查找。线性表的查找介绍了三种查找方法，顺序查找、二分查找和分块查找，这些方法中，顺序查找最常用，二分查找效率较高，分块查找效率最高。当然，为了大大提高效率，它们往往混合使用。树的查找是一种针对非线性结构的查找方法，因此，它相对复杂一些，在非线性结构中用得较多。这些查找的共同点就是要将待查找的关键值与查找对象进行比较，而散列表的查找就不需这样进行比较，而是构造散列函数。当然它也有缺点，会产生冲突。因此，需要尽可能地减少这种冲突的出现。由此，本章介绍了一些解决冲突的方法。最后分析了散列表查找的一些优缺点。最后，通过算法查询模拟问题和电话号码查询问题，介绍了查找在实际生活中的应用。

# 知 识 巩 固

## 一、填空题

1. 在数据的存放无规律而言的线性表中进行检索的最佳方法是_____。

2. 线性有序表（$a_1$，$a_2$，$a_3$，…，$a_{256}$）是从小到大排列的，对一个给定的值 $k$，用二分法检索表中与 $k$ 相等的元素，在查找不成功的情况下，最多需要检索_____次。设有 100 个结点，用二分法查找时，最大比较次数是_____。

3. 假设在有序线性表 a[20]上进行折半查找，则比较一次查找成功的结点数为_____；比较两次查找成功的结点数为_____；比较四次查找成功的结点数为_____；平均查找长度为_____。

4. 折半查找有序表（4，6，12，20，28，50，70，88，100），若查找表中元素 20，它将依次与表中元素_____比较大小。

5. 在分块查找方法中，首先查找_____，然后查找相应的_____。

6. 在各种查找方法中，平均查找长度与结点个数 $n$ 无关的查找方法是_____。

7. 散列法存储的基本思想是由_____决定数据的存储地址。

8. 有一个表长为 $m$ 的散列表，初始状态为空，现将 $n$（$n<m$）个不同的关键字插入到散列表中，解决冲突的方法是用线性探测法。如果这 $n$ 个关键字的散列地址都相同，则探测的总次数是_____。

## 二、单项选择题

1. 在表长为 $n$ 的链表中进行线性查找，它的平均查找长度为（　　　）。
   - A. ASL=$n$
   - B. ASL=$(n+1)/2$
   - C. ASL=$n+1$
   - D. ASL≈$\log_2(n+1)-1$

2. 顺序查找法适合于存储结构是（　　　）的线性表。
   - A. 散列存储
   - B. 顺序存储或链接存储
   - C. 压缩存储
   - D. 索引存储

3. 对 22 个记录的有序表作折半查找，当查找失败时，至少需要比较（　　　）次关键字。

A．3　　　　　B．4　　　　　C．5　　　　　D．6

4．链表适用于（　　　）查找。

A．顺序　　　　B．二分法　　　　C．顺序，也能二分法　　　D．随机

5．折半搜索与二叉搜索树的时间复杂度（　　　）。

A．相同　　　　　　　　　　B．完全不同

C．有时不相同　　　　　　　D．数量级都是 $O（\log_2 n）$

6．对线性表进行二分查找时，要求线性表必须（　　　）。

A．以顺序方式存储

B．以链接方式存储

C．以顺序方式存储，且结点按关键字有序排列

D．以链接方式存储，且结点按关键字有序排列

7．折半查找有序表（4，6，10，12，20，30，50，70，88，100）。若查找表中元素 58，则它将依次与表中（　　　）比较大小，查找结果是失败。

A．20，70，30，50　　B．30，88，70，50　　C．20，50　　D．30，88，50

8．采用二分查找方法查找长度为 $n$ 的线性表时，其时间复杂度是（　　　）

A．$O(n^2)$　　　　B．$O(n\log_2 n)$　　　　C．$O(n)$　　　　D．$O(\log_2 n)$

9．设哈希表长 m=14，哈希函数 H(key)=key MOD 11。表中已有 4 个结点： addr(15)=4；addr(38)=5；addr(61)=6；addr(84)=7；其余地址为空，如用二次探测再散列处理冲突，关键字为 49 的结点的地址为（　　　）。

A．8　　　　　B．3　　　　　C．5　　　　　D．9

10．有一个长度为 12 的有序表，按二分查找法对该表进行查找，在表内各元素等概率情况下查找成功所需的平均比较次数是（　　　）。

A．35/12　　　　B．37/12　　　　C．39/12　　　　D．43/12

11．对于一组结点，从空树开始，把它们插入到二叉排序树中，就建立了一棵二叉排序树。这时，整个二叉排序树的形状取决于（　　　）。

A．结点的输入顺序　　　　　B．结点的存储结构

C．结点的取值范围　　　　　D．计算机的硬件

12．有一棵二叉排序树，对它进行（　　　）的结果是按码值大小从小到大排好的序列。

A．前序遍历　　　　B．中序遍历　　　　C．后序遍历　　　　D．水平遍历

13．数据结构反映了数据元素之间的结构关系。链表是一种 A（　　　），它对于数据元素的插入和删除 B（　　　）。通常查找线性表数据元素的方法有 C（　　　）和 D（　　　）两种方法，其中 C（　　　）是一种只适合于顺序存储结构但 E（　　　）的方法；而 D（　　　）是一种对顺序和链式存储结构均适用的方法。

供选择的答案：

A：①顺序存储线性表；②非顺序存储非线性表；③顺序存储非线性表；④非顺序存储线性表

B：①不需要移动结点，不需改变结点指针；②不需要移动结点，只需改变结点指针；③只需移动结点，不需改变结点指针；④既需移动结点，又需改变结点指针

C：①顺序查找；②循环查找；③条件查找；④二分法查找

D：①顺序查找；②随机查找；③二分法查找；④分块查找

E：①效率较低的线性查找；②效率较低的非线性查找；③效率较高的非线性查找；④效率较高的线性查找

14. 散列法存储的基本思想是根据 A（　　　）来决定 B（　　　），碰撞（冲突）指的是 C（　　　），处理碰撞的两类主要方法是 D（　　　）。

供选择的答案：

A，B：①存储地址；②元素的符号；③元素个数；④关键字值；⑤非码属性；⑥平均检索长度；⑦负载因子；⑧散列表空间

C：①两个元素具有相同序号；②两个元素的关键字值不同，而非码属性相同；③不同关键字值对应到相同的存储地址；④负载因子过大；⑤数据元素过多

D：①线性探查法和双散列函数法；②建溢出区法和不建溢出区法；③除余法和折叠法；④拉链法和开地址法

15. 考虑具有如下性质的二叉树：除叶子结点外，每个结点的值都大于其左子树上的一切结点的值。并小于等于其右子树上的一切结点的值。现把 9 个数 1，2，3，…，8，9 填入图 10.16 所示的二叉树的 9 个结点中，并使之具有上述性质。此时，$n_1$ 的值是 A（　　　），$n_2$ 的值是 B（　　　），$n_9$ 的值是 C（　　　）。现欲把 10 放入此树并使该树保持前述性质，增加的一个结点可以放在 D（　　　）或 E（　　　）。

供选择的答案：

A～C：①1；②2；③3；④4；⑤5；⑥6；⑦7；⑧8；⑨9

D～E：①$n_7$ 下面；②$n_8$ 下面；③$n_9$ 下面；④$n_6$ 下面；⑤$n_1$ 与 $n_2$ 之间；⑥$n_2$ 与 $n_4$ 之间；⑦$n_6$ 与 $n_9$ 之间；⑧$n_3$ 与 $n_6$ 之间

图 10.16　二叉树

### 三、简答题

1. 对分（折半）查找适不适合链表结构的序列，为什么？用二分查找的查找速度必然比线性查找的速度快，这种说法对吗？

2. 试比较各种不同查找方法的优劣。

3. 用比较两个元素大小的方法在一个给定的序列中查找某个元素的时间复杂度下限是什么？如果要求时间复杂度更小，你采用什么方法？此方法的时间复杂度是多少？

# 实 训 演 练

### 一、算法应用题

1. 假定对有序表（3，4，5，7，28，30，42，54，63，72，87，95）进行折半查找，试回答下列问题：

（1）画出描述折半查找过程的判定树；

（2）若查找元素 54，需依次与哪些元素比较？

（3）若查找元素 90，需依次与哪些元素比较？

（4）假定每个元素的查找概率相等，求查找成功时的平均查找长度。

2. 设哈希表的地址范围为 0～17，哈希函数为 H(K)=K MOD 16。K 为关键字，用线性探

测法再散列法处理冲突，输入关键字序列：（10，24，32，17，31，43，46，47，40，63，49）
造出哈希表，试回答下列问题：

（1）画出哈希表的示意图；

（2）若查找关键字 63，需要依次与哪些关键字进行比较？

（3）若查找关键字 60，需要依次与哪些关键字比较？

假定每个关键字的查找概率相等，求查找成功时的平均查找长度。

3．假设有一组关键值为（20，36，96，12，45，35），它们以顺序存储的方式进行存放，现输入一个关键值，试写出下面各种方法所对应的查找程序和给出它们的比较次数。

（1）用顺序查找进行。

（2）用二分查找进行。

4．假设有一组关键值为（20，25，42，45，35，87，97，100），它们以顺序存储的方式进行存放，现输入一个关键值，试画出用索引查找进行查找的过程和给出它的比较次数。

5．给定一个关键字序列 4,5,7,2,1,3,6，试生成一棵平衡二叉树。

6．对给定的关键字序列 19,14,23,1,68,20,84,27,55,11,10,79，给定哈希函数为 H(k)=k%13，试用拉链法解决冲突建立哈希表。

## 二、算法设计题

1．试编写一个判别给定的二叉树是否为二叉排序树的算法，设此二叉树以二叉链表作存储结构。且树中的关键字均不同。

2．编写递归算法，从小到大输出给定二叉排序树中所有关键字不小于 x 数据元素。

3．假设哈希表长为 m，哈希函数为 H(x)，用链地址法处理冲突。试编写输入一组关键字并构造哈希表的算法。

# 参 考 文 献

[1] 施伯乐，蔡子经，孟佩琴，等. 数据结构[M]. 上海：复旦大学出版社，1988.

[2] 黄育潜，滕少华. 数据结构[M]. 武汉：华中科技大学出版社，1996.

[3] 晋良颖. 数据结构[M]. 北京：人民邮电出版社，2002.

[4] 严蔚敏，吴伟民. 数据结构（C语言版）[M]. 北京：清华大学出版社，2009.

[5] 严蔚敏，吴伟民. 数据结构题集（C语言版）[M]. 北京：清华大学出版社，2009.

[6] 曲建民，刘元红，郑陶然. 数据结构（C语言）[M]. 北京：清华大学出版社，2005.

[7] 吴仁群. 数据结构简明教程[M]. 北京：机械工业出版社，2012.

[8] 黄国瑜，叶乃箐. 数据结构（C语言版）[M]. 北京：清华大学出版社，2003.

[9] 陈元春，张亮，王勇. 实用数据结构基础 [M]. 2版. 北京：中国铁道出版社，2008.

[10] 蔡子经，施伯乐. 数据结构教程[M]. 上海：复旦大学出版社，2009.